学術選書
041

アインシュタインの反乱と量子コンピュータ

佐藤文隆

KYOTO
UNIVERSITY
PRESS

京都大学
学術出版会

はしがき

本書を手にした方は、「量子力学」にあるイメージを既に持っておるかも知れない。物理学の理論として誕生以来もう八〇年以上になり、半世紀近く前からは理工系の学部教育の基礎科目の一つであり、IT技術を下支えしている。だからこの理論の言葉を使って毎日仕事をしている人の数は日本だけでも何十万人にもなるだろう。電気の理論と同じように社会を支えている信頼できる理論である。「解釈が創業者の間でもめた」という話も聞くが、現状で〝もめた〟痕跡も定かでない程に万事平穏な状態にある。

二〇〇五年は百年前の「アインシュタインの驚異の年」を記念して「世界物理年」が行われたが、確かに「物理学の世紀[1]」の第一人者はアインシュタインである。ところがこのアインシュタインこそ量子力学の〝異端の創業者〟であり、しかもなんとこの分野では「負け組」に転落して「孤独になったアインシュタイン[2]」が出現したのである。アインシュタインは何に反対して〝もめた〟のか？　それは解消したのか？

その一方、最近、量子コンピューティングなどの二一世紀新技術の芽が勃興している。そこのキーワードの一つが「ＥＰＲ」であり、このＥがなんとアインシュタインのＥなのである。これは〝異端〟の復権を意味するのか？　万事平穏な量子力学にまた〝もめごと〟が再来するのか？　これが本書のテーマである。

本書は二部から成っており、第一部（第一章—第五章）ではいわゆる量子力学の解釈問題を、近年の量子情報の勃興を踏まえて、すこし新しい観点でアインシュタインを軸に歴史を振り返る。そして第一部の締めは「プランク定数hのない量子力学？」という疑問形で終る。

第二部ではＥＰＲ論文の表題「量子力学による物理的実在の記述は完全か？」に象徴されている一九世紀末以来の実証主義と実在論の問題を、マッハを起点に主に中央ヨーロッパの学術世相と絡めて議論する。挿話的に湯川秀樹の量子力学観や確率をめぐっての現代数学の性格などにも触れるが、最終的には、マッハまで時間を遡った際に見えてくる、「現在の科学という制度」の姿に話がおよぶ。最近議論されなくなった科学の諸側面を量子力学で炙り出して見てみる。

第一部は科学解説風の読み物だが、第二部は意図が少し違っていて、ニュートン以来の革命といわれる量子力学への飛躍を生み出した当時の学術社会に戻って現状を考えてみる科学制度論である。

少し長い時間スケールでみた研究・学術の歴史に関心を持つことなくして、現時点を遠い未来につなど想像力は生まれないものだと思う。その際、「論」や「説」の歴史だけでなくそこを生きた人間に思いを馳せたいものである。現状を革新していく想像力強化のため、読者の歴史知識の厚みを増すのに本書は役立つものと期待している。

アインシュタインの反乱と量子コンピュータ◉目　次

第8章……湯川秀樹にとっての量子力学　197

第10章……「科学」という制度をマッハから問う　241

アインシュタインの反乱と量子コンピュータ

第1章……「起こる」と「知る」の差――EPRパラドックス

「手袋事件」

ある男がいて、外出先で寒くなってポケットから手袋を取り出したら、片方しかなくそれは右手用だった。その瞬間、彼は当然のことだが家に残っているのは左手用だと思う。家をでる時に右手用だけ持って、左手用を置いてきたのだと考える。あるいは逆に、家に居った連れ合いから「あなた左手用の手袋を忘れていったわよ」と携帯電話で連絡があったら、ポケットの中を調べる必要もなくそこには右手用が入っていると考える。何れにせよ、「今持っているのは右手用の手袋だ」と知ったこと、すなわち「観測」によって、左手用手袋置忘れ事件という小さな「歴史」が明らかになったと思う。すなわち、「原因」は家で手袋をポケットに何気なく入れるときにあったのだと考える。そのことは「観測」しようがしまいが起こった事実であって、「観測」はそれを知っただけだ、と。

ジョン・ベル（John Stewart Bell 1928–1990）

ところがある学者が出てきて「軽々にそう考えてはいけない。それは浅はかな常識で、新理論では「歴史」の中身は「観測」するまでは分かっていないのだ」と諭してくれた。右か左かが決まる原因となる「事件」は「観測」の時点にあるというのである。現代人の多くは、新理論といわれると弱い。彼はそれを聞いて、手元の手袋を見ただけで、遠く離れた家にある片割れが左手用と瞬時に分かるテレパシーのような超能力を自分に感じて、ちょっと幸せな気分になった。しかし、何回も反復して考えてみると、「観測」するまで決まっていないという言い方は常識的に無理があり、この新理論の高説よりは「常識」に従った方が正しいと確信を持つようになった。そして、新理論が決まっているはずのことをちゃんと記述できていないのなら、それはまだ未完成品なのだろうと考えるようになった。……

この寓話の原典はジョン・ベル(1)によるものであるが、ここで「新理論」というのは一九二七年頃に完成した量子力学理論である。そして、役回りとしては意外だが、この「常識」人とはアインシュタインのことである。アインシュタインは量子力学理論が創造された時からこの新理論に疑念を呈していたが、一九三五年に、この「手袋事件」の原子版に当たる現象を量子力学で論じた。そして、確かにこの議論では「観測」まで左右が決まらないことを示し、「量子力学による物理的実在の記述は完全か？」という疑問符を新理論に叩きつけたのである。(2)

手袋事件の原子版

手袋事件の原子版の実例としては例えば電子のスピンがある。電子は決まった質量と電荷の他にスピンという性質を持っている。スピンは粒子の自転に相当する性質のことで、実験では微小な磁石として測られている。磁石にはN極―S極の方向性があるから、一つの向き（例えば z 軸）を決めても、N極が上、N極が下の二つの状態をとることが出来る。そして二つの電子がある場合には、その二つの磁石の方向が確実に反平行になっている状態を作ることが出来る。手袋の左右のように、一方が（N極）「上」なら、もう一方は「下」と、確実に相関している反対向きの対を作ることが出来る。こうして手袋の対をその原子版である（反平行）スピンの対に置き換えて、「手袋事件」を同じように考えることが出来る。

ある場所で（反平行）スピン対を作って、それから、お互いに遠ざける。そのうえで一方の場所（A）のスピンを測ってある方向が決まると、遠く離れているもう一つの場所（B）でのスピンはその逆方向だと知る。いまスピンをz軸方向として（N極が）上なら＋、下なら－と書くことにする。だから、Aで＋、だと、Bで－である。これをいま[A＋]、[B－]と書き表す。こういう記号を使うと発生時は同じ場所Cにあったから、[C＋][C－]であった。量子力学記述では、対を遠ざけた後、かつ観測前では状態は[A＋][B－]±[A－][B＋]であったとする。ここで急に「向き」とは違う足し算、引き算の意味での「±記号」が現れたが、その説明はおいおい出てくるとして、ここでは、「Aで±」（従って「Bで∓」）と「Aで∓」（従って「Bで±」）の二つの可能性が未だ決着していない状態を表すと思って欲しい。「両方の可能性が共存している」という意味である。このことを量子力学では[A＋][B－]と[A－][B＋]が〝重なっている〟と表現する。「±」は〝重なっている〟を表す。そして次にこの状態を「観測」すると、[A＋][B－]か[A－][B＋]のいずれかが〝現れる〟のである。何回もやってみると、毎回の結果（[A＋][B－]か、[A－][B＋]か）の出方はランダムであるが、多数回観測を繰り返してその集計結果をみるとほぼ半々の確率で現れことになる。一般にα[A＋][B－]＋β[A－][B＋]の場合、[A＋][B－]と[A－][B＋]の確率は$|\alpha|^2$と$|\beta|^2$に比例する。このため「±」の＋でも、－でも、何れでも「半々の確率」の重ね合わせなのである。（量子力学の別の議論から「±」の内

「二」の重ね合わせのほうがつくりやすい事が知られている）

しかし、百歩譲って「観測」前まで決まっていなくてもいいことにすると、次のような奇妙な事態が発生する。AとBは十分離れている、地球上と月面上のように離れていてもいい。これまで「Aの観測でBのも決まる」と言ったが、それは同時に「Bの観測でAのも決まる」である。どっちに優先権があるわけでもない。すると、同時に「観測」をやってしまうかも知れない。十分離れておれば、Aでのアクションの物理効果や情報がBに達するには時間を要する。アインシュタインの特殊相対性理論によれば、すべての事象の中で最もスピードが速いのは光速であるから、BにAの影響が及ぶのも、たとえ光速で伝わっても有限の時間がかかる。ならば、「片方が＋と分かった瞬間に片方が－となるという相関は、そもそも保証されるのか？「同時」に観測した場合、その瞬間には、どちらも＋あるいはどちらも－ということだって、あるのではないか？だから、どう結果が出るかの「原因」はCで別れる時点で決着ついていたはずだと考えざるを得ず、それを「観測まで決まってない」と先送りする理論には欠陥がある、と言うわけである。手袋事件のようにCで決まっていれば、離れていても互いに独立ではない。

EPR論文の衝撃とシュレーディンガーの猫

一九三五年のアインシュタインたちの論文はこれを物理的「実在」という哲学次元の問題として提起した。この論文は三人の共著者の頭文字をとってEPR論文と呼ばれる。(3) EPRで論じた原子版の問題はスピンではないが、スピンの方が説明しやすいのでこの例を選んだ。EPRの問題提起に対して、新理論を守る側は衝撃を受けていろんな反応を示した。例えば、ニールス・ボーアは「抽象的な量子力学的記述があるだけ。自然が如何に(how)あるのかを見出すのは物理学の仕事(task)ではない。物理学は我々が自然について言えることに関わっているだけである」と言った。ウェルナー・ハイゼンベルグは「原子のイヴェントに関する実験では、その現象に関わっている。日常生活でも我々はリアルな現象に関わっている。しかし、原子や素粒子はこのような意味でリアルではない。それらは事物としてよりは潜在性や可能性の世界を形成している」と言い、パスカル・ヨルダンは「観測は測られることを乱すから、観測が観測結果をつくるのである」、などと弁明した。

こうした弁明の基本は、要するに「原子のようなミクロの現象と古典物理が成功しているマクロな世界は根本的に違うものであって、マクロでの実在の観念をミクロに押し付けてはいけない。ミクロの世界の事柄には量子力学の理論で記述される以上のリアルなもの求めるべきでない」、ということ

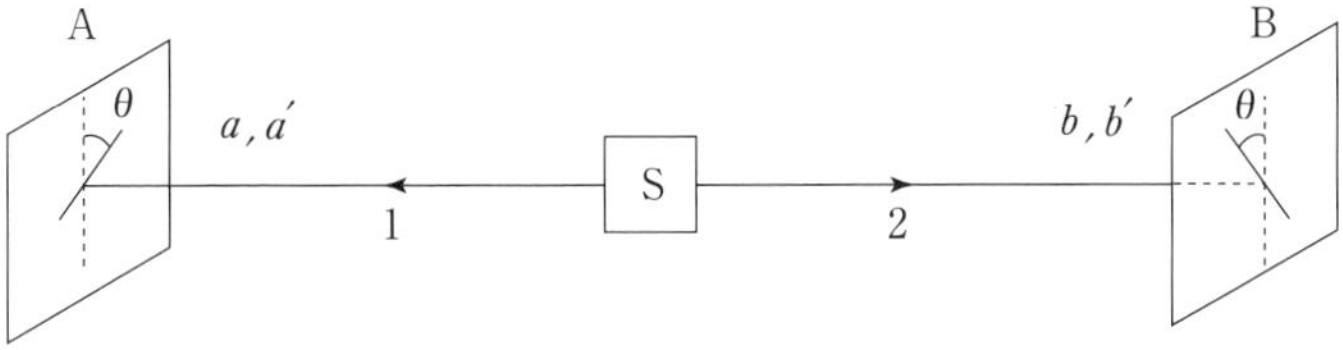

ベルが考案した EPR 実験：源 S で発生した絡み合った状態の二つの粒子 1、2 を左右に走らせ、離れた地点で観測する。観測の際、検出器の検出角度を左では a, a'、右では b, b' にとる。したがって四つの角度の組み合わせで検出実験をする。

である。観測や経験で結びついている限りのことのみを物理学は扱うのだという、物理的実在と理論の距離のとり方は、哲学のレッテルで言うと経験論、実証主義、操作主義、プラグマティズム、といった潮流に属する。アインシュタインはその臭いを嗅ぎつけて鋭く「実在」を問い詰めたのである。それが「実在」といった哲学的言葉が物理学の論文に登場した遠因である。

EPRに刺激されて、量子力学創始者の一人ではあるが、ハイゼンベルグらと違ってその解釈に不満を持っていたシュレーディンガーもこの新理論の奇妙さを抉り出して見せた(4)。彼は例え話の素材として放射性元素を持ってくる。放射性原子核はある平均寿命で α 線を出して別の核種に崩壊する。崩壊する時点は確率的にしか決まっておらず、観測されなければ[崩壊前]と[崩壊後]の〝重なった〟状態にある。ただし今度は[崩壊後]の可能性が時間とともに増していくから〝重なり〟の程度は、前のように半々でなく、$a(t)$[崩壊前]＋$b(t)$[崩壊後]のように書けて、$|a(t)|$は減少し$|b(t)|$は増加する。

シュレーディンガーは、この放射性核と α 線の測定装置、その測定シグナルの増幅装置、毒薬ビン、それを壊す装置、生きている猫、これだけを外から「観測」出来ないように一つの箱の中に入れる（30頁の図参照）。崩壊が起こると、測定器からのシグナルでビンをこわし毒薬が箱に充満して猫が死ぬ、という細工だ。ところが「観測」してない箱の中の状態は、

$$a(t)[\text{崩壊前}][\text{猫は生てる}]+b(t)[\text{崩壊後}][\text{猫は死んでる}]$$

という、宙ぶらりんな状態のまま経過することになる。箱を空けて「観測」すると、いずれかが現れる。量子力学はこう記述する。つまり、十分、時間が経っていれば多分死んでいるだろうが、ちょうど半減期くらいの時間で箱を空ければ生と死は半々くらいの時である、というわけだ。

もちろん、誰でも「こんな馬鹿げたことがあっていいのか?!」という心境になる。というより、物理学の問題以前にこのマニアックな奇妙な仕掛けを考えたシュレーディンガーの精神状態にも興味がいくけれども、それはさておこう。しかし、現在では、「猫の生死」こそ同時には実現できないにせよ、マクロに区別される状態が〝重なっている〟状態がハイテクを駆使した実験で作れるようになっている。話は逸れるが、このシュレーディンガーの議論にちなんで猫はいまでは量子力学のアイコンになっている。

このシュレーディンガーの猫は〝重なっている〟状態の奇妙さをマクロに増幅してその意味を問うたものである。それに対してＥＰＲは実在を時間空間上の存在とすると理解できなくなる難問を提起

したものである。奇妙な遠隔相関と局所因果性の間の矛盾など、従来の物理的存在ではあり得ないものが新理論にはある。この奇妙さをアインシュタインは「〝幽霊のような（spooky）〟遠隔相関」とか「〝テレパシー〟のような遠隔相関」と表現して、量子力学への不信を表明した。量子力学不信のもう一つの彼の有名なせりふは「神はさいころをもてあそばない」である。これは先の例で言うと、〝重なっている状態〟の一つが偶然に選択されて観測で現れることへの不満を述べたものである。

学界はEPRを無視

大御所アインシュタインに批判されて確かに新理論の創始者たちは衝撃を受けて弁明したが、物理学の大きな流れはEPRを完全に無視した。なるほど、アインシュタインにも理解できない不可解な記述の仕方を量子力学がしていることは明白である。しかし、この一九三五年当時、次章で見るように、すでに量子力学を使った原子・分子、光子、原子核、素粒子の物理学は破竹の勢いで快進撃中だった。一九三五年は、湯川秀樹の中間子論が発表された年でもある。こういう時の勢いのもとでは、「どこかおかしい」という声に耳をかす暇はなかったのである。EPRの問題提起もごもっともかもしれないが、ともかくミクロの解明にこの理論は大成功している最中なのである。さらに、当時の実験技術では、この思考実験で提起している〝決まる〟時点の判定を実験で決着することは不可能であった。

「この新理論を携えてミクロの探索に出発しよう、机上の議論よりはまず実践である、欠陥があればその中で明らかになるだろうから」と、学界の中堅であったボーアは提唱した。アインシュタインの高尚な根本病的問いかけに世の若き俊英たちが呑み込まれて、ミクロ新世界探索の研究の勢いが削がれることを憂いての、思想善導策であった。ボーアの対応を筆者はそう解釈をしている。そして物理学界はEPRを無視して、二〇世紀の大繁栄を謳歌したのである。大御所アインシュタインの段びらを振りかざしての挑戦であったが、彼の周りには見物人も寄りつかず、ボーアの思想善導策は効を奏した。ボーアは同年輩のアインシュタンに個人的に対応して不満のガス抜きをして根源病が若い俊英たちに感染しないように努力し、議論はしれ切れトンボでいったんは終息した。

〝終息した〟理由には、この時代が、第二次大戦に向けての足音が響き始めた時代であったこともある。EPR論文がアインシュタインにしては珍しく英語論文であるのは、彼が、生まれ育ったドイツ語圏の中央ヨーロッパからアメリカに亡命していたからである。共著者のポドルスキーもローゼンもユダヤ人であって、せわしなく移動を繰り返している流浪の民が、米国プリンストンで一時邂逅したことがもたらした作品である。一九三三年、ヒットラーがドイツの政権について、ユダヤ人であるアインシュタインも亡命を余儀なくされ、終世の住処となるプリンストンの住いに落ち着いたのはちょうど一九三五年の初めだった。またEPR論文を見てエールを送ってきたシュレーディンガーもベルリンから英国に亡命していて、まだアイルランドのダブリンに落ち着く前の転々と移動している慌しい時期だった。(シュレーディンガー自身はユダヤ人でない)

その頃、原子核の物理学の世界では、中性子の発見(一九三二年)につづいて、陽電子、人工放射能核、核分裂(一九三八年)などの発見が相次ぎ、ボーアもハイゼンベルグもこうしたミクロの新世界の探索に理論面で大活躍した。関心はもう量子力学の次にあった。そして時代は一九三九年の欧州大戦勃発をへて、ヒロシマ・ナガサキへの原爆投下に至り、ミクロの新世界の解明の成果を悲劇的なかたちで世界に披露することになった。アインシュタインもボーアもハイゼンベルグも、まさに当事者としてこの大きな歴史のうねりに巻き込まれることになった。物理学界を直接に巻き込んだこの激しい時代の雰囲気では、「実在」をめぐる哲学論議が一時棚上げになるのも当然のことであった。

アインシュタインはナチスを逃れて 1933 年にアメリカに亡命して、1935 年に永住権を申請、1940 年には宣誓して米国国民に帰化した。

無視しても支障ないことの不思議

それにしてもEPR論文の標題にいう「実在」とはなんで

あろう。人間の存在などと無関係な客観的な存在はまず誰でも認めるだろう。物理学の対象だからもちろんそれは時空的な存在であろう。次の問題はそれ〝そのもの〟とそれについて我々（科学）が〝語っているもの〟との関係である。マクロな存在の場合は、方程式に載っている量が実在の写しであるとして特段支障はなかった。すなわち、五官的な認識と物理学での法則的な認識とに大きな差はない。精緻な議論をすると地動説と天動説の差のように違いがあるが、あまりそこに深入りせず放置しても「特段支障がない」。しかしミクロの対象を扱う量子力学においては、その関係の異常さが際立ってきたのである。そしてここでの問題発覚がマクロの存在の場合にも還流して、寝た子をおこす結果に波及するかもしれないのである。「特段支障はない」としてきた態度が哲学の諸潮流と連関して根本から問い直されることになるかもしれない。

このように、及ぶ影響が複雑で大きい「実在」ということばを、物理学の論文で問うのは熟慮に欠けていたようにも思える。この原稿自体はアインシュタインが書いたものではなく、彼自身ＥＰＲ論文の記述には不満もあったようである。しかしそれから七十数年経って、本書でも述べるように様々な問題が煮詰まってくると、まさに量子力学は哲学的に実在の意味を問うていると言えるのである。このことは本書の主題でありその広がりを提示するのが本書の目的であるが、それは従来の認識論の線上だけでなく科学制度論に拡大されるべきと思っている。

もちろん、量子力学発見時のアインシュタインの異議申し立てにも拘らず、それを無視して、量子物理学が二〇世紀において大躍進を果たしたという現実にも着目する必要がある。「パラドックスは実在と実在はこうあるべきだというあなたのフィーリングの葛藤に過ぎない」、とファイマンは云っている。したがって発見から八〇年を経た現時点では、「EPR」の中身に関わる問題と並んで、もう一つの科学制度論としての「EPR問題」があるのだ。EPRが提起した問題を先送りしたままでも、物理学がこの理論をツールにして、支障なく、大躍進できたという現実をどう見るか、端的に言えばこのエピソードを単なる「アインシュタインの妄言」とみる見方から「アインシュタインの根源問いを問わなくなった物理学の制度科学への変質」という議論まで、様々な見方があり得るのだ。

何れにせよEPRは、二〇世紀における科学の変貌を測定する物指しになり得るのである。そして我々は、このように科学の世界に起こった現実、社会の中での制度科学と従事者のメンタリティーの変貌といった事柄に着目する感覚が必要だ、と筆者は今考えている。二〇世紀物理学の開拓者であるアインシュタインの量子力学を巡るこの〝大いなるねじれ〟は二〇世紀の物理学の歴史の描き方の問題点とも関連するし、今後の物理学の展開の見通しにも関係してくる。それが本書の動機である。単なるアインシュタイン絡みの歴史秘話ではなく、科学の今後が絡む現実的に重大な問題であると筆者は考えている。

コペンハーゲン精神

話を量子力学発見の歴史に戻そう。先に述べたように、ボーアは一九二七年版量子力学理論の「使い方のマニュアル」を提示した。そして「当面はこれで仕事をしよう」という方向が学界の大勢になっていった。このマニュアルは「コペンハーゲン解釈」と呼ばれる。この名称はデンマーク人ボーアが主宰していた研究所がある街の名に因んでいる。当時、この新理論の発信源は、当のコペンハーゲンと、ハイゼンベルグが教授となったゲッチンゲンであった。ボーアは数理理論そのものの創造者ではないが、前段階での研究業績ですでに学界の新リーダーの地位にあった。その立場で、この〝得体の知れない〟新理論を擁護し、使いやすく仕上げ、世界に広めるなど、精力的に行動した。この、批判と討論を徹底的に、柔軟に、オープンにやるという彼の姿勢はそれまでの研究スタイルを変えるものでもあった。(5) こういう新気風は「コペンハーゲン精神」とも呼ばれる。科学の制度を考察する場合もこの点は忘れてならない大事なポイントである。「一人仕事」のアインシュタインとは違ったスタイルである。

量子力学の理論的な構造については後の章で少しふれるが、見方の定まらない一つの部分は先のEPRの例で言うと「〝重なった〟状態の一つが「観測」によって確率的に現れる。確率は量子力学で計算できる」という部分に関わっている。コペンハーゲン解釈のマニュアルとは「これ以上の詮索はするな」と言うことである。ＥＰＲやシュレーディンガーの猫はここでご法度にした〝詮索〟の蒸し返しの代表例である。確かに「実在」の側から考えると、〝重なった状態〟、時空を超えた遠隔相関、猫の生死の重なり、「観測」と人間の認知、実在と認知者の関係、観測で実現しなかった他の可能性の処理、など、生々しく考えると幾らでも問うてみたい疑念が湧き出てくる。これらを妄念とし、思い悩むなと教導する思想善導策がコペンハーゲン解釈である。特に最後の「他の可能性の処理」問題についてはコペンハーゲン解釈は「〝重なった〟状態から〝一つの状態〟への収縮（collapse）という用語を普及させた。しかしこの「収縮」過程はこの理論では扱えず、「物理的な過程」なのかどうかも不分明のまま来た。それでも物理学や化学、電子工学や光工学、宇宙物理や分子生物、などのツールとして、何の支障もなかった。

統計理論か？

ＥＰＲが辿った歴史に戻ろう。中間子に続く新素粒子の発見、原子力やアイソトープ利用、トランジスターやレーザーの発明、ＤＮＡ分子構造解明、など、第二次大戦後の物理学は豊富な資金に支えられて大進展した。所帯が大きくなると、ボーアがおそれたEPRなどの量子力学根源病に引き寄せられる者も現れた。一九六〇年の前後にいくつかの論文が散発的に発表されたが、当時の手ごたえあるミクロの物質世界研究の滔々たる激流の中では、学界主流のテーマになることはなかった。しかしその中に、近年活況を呈する量子情報などの芽もあったのである。EPRに特化したかたちで考察した「ベルの不等式」(本章で後述)はその例である。ジョン・ベルはEPRが拘った、「観測」前に〝決まっているはず〟だという主張を裏付ける実験が出来ないかどうか考察したのであった。

復習しておくと、「手袋事件」の原子版であるスピンでいうと、反対向きのスピン対を場所的に引き離す際に〝スピン+(上向き)は右に、スピン−は左に〟というように〝きまっていた〟のでないか、というのがEPRの主張である。それを、「観測」時点まで決まっていないと量子力学は記述するので〝不完全だ〟というレッテルを貼るのである。確かに、決まっているはずのものちゃんと取り込んでいないのであれば完全記述ではなく統計記述である。アインシュタインは一九二七年版量子力学を統計理論と呼んでいた。

統計理論はそれはそれで至る所で大いに役立っている。多くの要素、多くの自由度が登場する現象を扱う場合には、平均値をとったりして、完全記述ではなく、目的に応じて〝上手にやっつす〟技術が統計理論の腕の見せどころである。〝真の理論〟よりは〝良い理論〟を目指すものである。そして〝良い〟とは、対象自体と認識者の関心の共同作業で決まるものである。

EPRに戻ると、ここでは要素はたった二つである、扱っている自由度はスピンの向き（＋か、－か）一自由度である。一見して統計集団のイメージではない。統計理論のもう一つの側面は完全記述でなく部分記述だということである。部分記述とは、細かく全部記述しないで幾つかの要素や自由度をまとめて扱って量の数を減らし、それらの量の関係として法則を扱うことである。「統計」といえば「確率」ときて、確率というとランダム・非因果律を思い浮かべるが、この発想は片手落ちである。確率には、ランダムとは別な、論理的な包摂関係の表現という意味がある。「人間の一部として男がある」という表現で、我々は人間という円の中に含まれる男という小円をイメージする。そして「人間のうち、男である確率はほぼ二分の一である」といった表現をする。ここには目まぐるしく時間変動しているランダムさのイメージは全く登場しない。単なる情報不足の表現が確率である。

隠れた変数

いま原子版の粒子には、物理的に既に測定されている自由度（スピンもその一つ）以外に、さらに〝隠れた〟自由度があるのかもしれない。スピンも発見されるまでは「隠れた変数」であった。物理学では法則性を数式で書き表すから自由度があればそれに新たにひとつ変数を割り振るので、「自由度」の代わりに「変数」という言葉が使われる。そして変数全部を表に出すことなしにいくつかの変数を一まとめに記述しているために確率が登場する可能性がある。男と女を区別する変数がなければ人間が子供を産む確率は〇・五だが、男女を区別する〝隠れた〟変数を追加した記述では「子供を産むには女」と決定論的法則になる。量子力学の確率もこういう確率と考えるなら、〝隠れた〟変数を追加して「欠陥」を救う処方となりうる。これには、アインシュタインは反対していたが、「アインシュタインの隠れた変数」と呼ばれる。筆者も編集委員をしている『岩波　理化学辞典』には「隠れた変数」が大項目で入っている[7]。

例えば〝隠れた〟変数λがaとbの二つの値をとり、分かれるときに別々の値になるとする。するとスピン（＋と－）と合わせて［＋a］、［－a］、［＋b］、［－b］の四種類の状態があり得る。ところがλを表に出していないのでスピン［＋］状態の中には［＋a］と［＋b］の混じりを想定した扱いになる。こうした〝隠れた〟変数の個数、あるいはこれらの変数の役割、などなど、観測にかからない量の話をしているのだから、それらを含めた物理理論の構築は可能性が多すぎて押さえどころがないと思われる。ところがジョン・ベルは、具体的な理論の形に一切依らないで、隠れた変数が存在するなら満たされるある不等式を見出した[6]。それは実験データの組から計算されるある相関量である。一方、こんどは量子力学によってこの相関量を計算するとこの不等式を満たさないことが示される。こうして、EPR相関の謎を隠れた変数で克服できるかどうか、実験でチェックする方法が提案されたのである。

ベルの不等式

説明を簡明にするために具体的な形にしておこう（本章のここから後24頁までは、数式に馴染みのない方はスキップしていただいても、全体の流れを理解するには支障ない）。いまは一対のスピンを左右に引き離すとする。そしてこの左右の方向を空間座標系の x 軸の方向にとり、スピンはこれに垂直な y—z 面のある方向を向いているとする。z 軸を上下方向として、「スピンが上向き」とか「スピンが斜め下向き」とか表現する。左右に分かれた粒子のスピンはAとBの位置で測定される（七頁の図）。スピンの測定器は y—z 面上にあるが、その方向が一般には z 軸に対して角度 θ だけ傾いているとする。この角度をAでは a と a' の二つ、Bでは b と b' の各々二つのセッティングで測るとする。場所Aで角度 a での測定値を $\alpha(a)$ と書き、Bで角度 b' での測定値を $\beta(b')$ のように書く。測定角度の組み合わせは (a,b)、(a',b)、(a,b')、(a',b') の四通りある。

ここでスピン測定結果は（規格化した量で）$+1$か-1の二値しかとらない。いま角度の組 (a,b) での多数回 $i=1,2,\cdots N$ の測定データで次のような平均値を計算する。

$$E(a,b)=\sum_{i=1}^{N}\alpha_i(a)\,\beta_i(b)/N$$

次にほかの三つの場合の平均値も求めて、

$$C=|E(a,b)+E(a,b')+E(a',b)-E(a',b')|$$

なる相関量を考える。すると

$$0 \leq C \leq 2$$

であることが証明される。これがベルの不等式である。

証明は別に説明するが、この証明で肝心なことは $\alpha(a)$、$\beta(b)$、$\alpha(a')$、$\beta(b')$ が+1か−1の値をとるということだけである。その他の理論内容はまったく不要である。「$\alpha(a)$、$\beta(b)$、$\alpha(a')$、$\beta(b')$ が+1か−1をとる」という〝際立った〟事実は原子版存在の特徴であって、古典的存在ではあり得ないことである。小磁石が例えば上向き（N極が上）で飛んできて、上向きから四五度傾いた測定器でスピンを〝測る〟といえば、小磁石と測定器のなす角度に応じた測定値が得られるはずである。決して+1か−1のようなデジタル量ではない。

それでは傾いた存在に測定器はどう反応するのであろう。そこに確率が登場する。いま例として上を向いたスピンを考える。（N極方向が上を向いているの意味）そういうスピンを多数回測る。まず上を向いた測定器で測定すれば、一〇〇パーセントの確率で測定値は+1である。次に測定器を傾けて多

コラム１　ベル不等式の証明

隠れた変数 λ と測定角度（a, b, a', b'）で測定値（α, β）決まっているとする。すなわち

$p=\alpha(a,\lambda)$、$q=\beta(b,\lambda)$、$r=\alpha(a',\lambda)$、$s=\beta(b',\lambda)$

と書けば本文中の相関関数Cは

$$C=\left|\int(pq+ps+qr-rs)P(\lambda)\,\mathrm{d}\lambda\right|$$

と考えられる。ここで $P(\lambda)$は確率分布。

相関関数 $E(a,b)$や $C(a,b)$は多数回のデータ平均値である。ここで異なった角度での実験でも、十分にデータ数 N が大きいなら、隠れた変数 λ が現れる頻度が同じ確率分布 $P(\lambda)$で決まっていると仮定している。

いま p,q,r,s は $+1$ と -1 しか値をとらないのであるから、2 乗は何れも 1 である。従って $(pq)(ps)(qr)=p^2q^2rs=rs$ である。

(pq)、(ps)と(qr)の三つかけて $+1$ なら、$+1$ が三つか $+1$ 一つと -1 二つである。前の場合は $pq+ps+qr-rs=3-1=2$、後の場合は $pq+ps+qr-rs=-1-1=-2$ である。

同様に、三つかけて -1 なら、全てが -1 か $+1$ 二つと -1 一つで、前者で $pq+ps+qr-rs=-3+1=-2$、後者では $pq+ps+qr-rs=+1+1=2$ となる。

すなわち（$pq+ps+qr-rs$）$=\pm 2$ であり、それらの混合の平均だから $C\leq 2$ が導かれる。$+2$ と -2 をとるものの平均が $+2$ と -2 の間になることは明らかであろう。

ベル不等式の証明では量子力学は一切使われていないが測定角度が違っても測定値が $+1$ か -1 の何れかしかとらないという「原子版」の性質は使っている。

数回測ると、測定結果は$+1$か-1の何れかであるが、傾きの角度が小さければ、殆どの場合が$+1$で、-1の場合が少数混じってくる。測定器がスピンの方向に直角であれば、$+1$と-1が半々の確率で現われる。ベルの不等式の証明にはこうした確率解釈が具体的には必要ない。

実験で量子力学に軍配

量子力学理論を使うと上述のCという量を計算できる。各$E(a,b)$は角度aとbの間の角度$\theta(ab)$で決まり、Cは次のようになる。

$$C=|\cos\theta(ab)+\cos\theta(ab')+\cos\theta(a'b)-\cos\theta(a'b')|$$

これは角度の組の取り方でいろんな値をとるが、簡単なケースとしてa、bを同じ方向（$\theta(ab)=0$）で、その両側にa'とb'をとってみる。すなわち

$$\theta(a'b)=-\phi,\ \theta(ab')=\phi,\ \theta(a'b')=2\phi$$

にとると

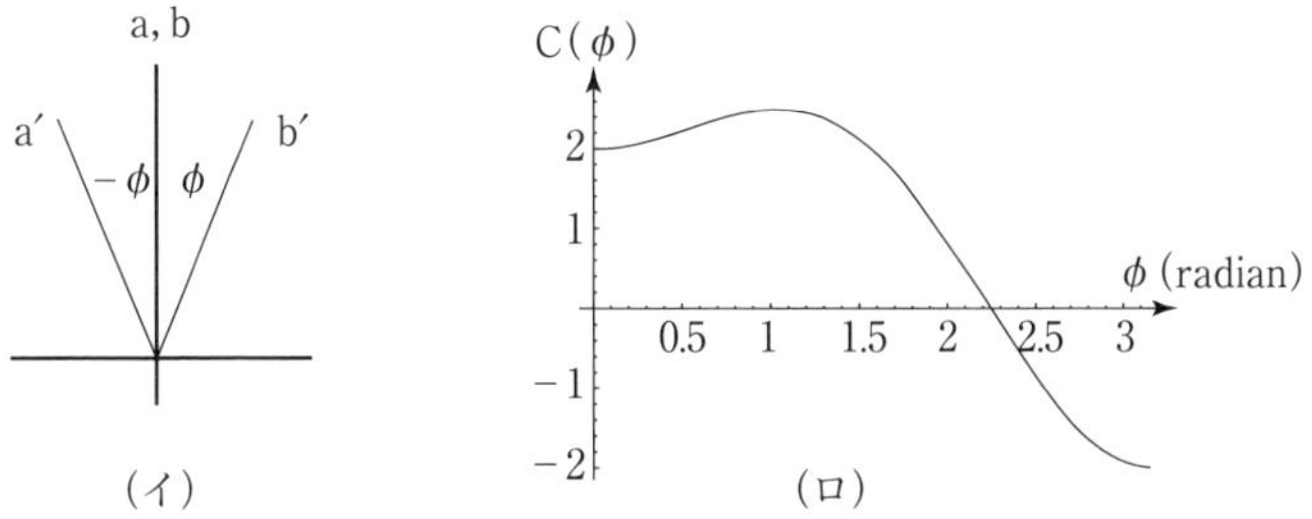

ベル−CHSH 相関関数 C（20 頁の数式）は図（イ）の様な角度の設定（a＝b＝0, a′＝−ϕ、b′＝ϕ）では数式２のようになる。この場合の $C(\phi)$ を量子力学で計算すると図（ロ）のように変化するが、明らかにベルの不等式の上限２を上回っている。

$$C=|1+2\cos\phi-\cos 2\phi|$$

である。例えば、$\phi=\pi/4$ にすると、$C=1+\sqrt{2}$。すなわち、ベルの不等式を満たしていない。量子力学は〝隠れた〟変数で確率記述になっているなら当然満たすべき不等式を破っているのである。こうなると決着は実際に実験してみるほかない。

アスペの実験

EPRに対応する実験が可能になったのは一九八〇年前後である。そしていくつもの改良された実験でベルの不等式が破れていることが確かになった。有名なのはアスペ達の実験であるが、この実験では原子版の対としては、スピンでなく、光の偏り（偏極）がつかわれた。レーザーの技術を駆使した実験である。レーザーでは光は電磁波の量子である光子として光は放出される、光子として検出する。（電磁場の量子論では光は「波動」と「粒子」の二重の描像で語られるがこれに付いての解説は、巻末付録269〜290頁に詳しく解説した）

光は電磁波とも呼ばれ、互いに直行する方向を向いた電場と磁場の振動する波である。電場と磁場は光の進行方向に垂直な面内にある。そして「偏り」とはこの垂直面内での電場ベクトルの方向のことである。二次元の面内には独立な方向が二つある。すなわち「偏り」とはこの二つの方向を向いた状態の区別を指している。そして「手袋の右左」や「スピンの上下」の様に、二つの光子の「偏り」が確実に独立な二つの方向を向くように光子対を作ることが出来るのだ。

一ヶ所でこういう光子対をつくれば離れていった光子の間での原子版「手袋事件」が再現できる。分かれて行った先では、偏光版という装置があってこれを置く方向と光の偏りの方向の大きさに応じて透過率が変化する。互いに直角の偏光版を置いてチェックすることはちょうどスピンの+1と−1はどちらの偏光版を通過したかに対応する。

ベルの不等式に登場するE(a,b)のような量を、各角度のセッティングで、厖大な数の対光子を発生させ、測定値から相関を統計的に計算し、ベルの不等式が満たされるかどうかを調べたのである。結果はベルの不等式は満たされず、量子力学の計算で予想される値にぴたり一致することが実験で示された。こうして「隠れた変数」説は実験で否定され、量子力学が与える相関が正しいことが示されたのであった。

局所因果性

ＥＰＲ思考実験の議論をアインシュタインたちが提起したのは量子力学の不完全さを訴えたのだが、実験でそれが否定された。にもかかわらず、普通なら「(理論への) 疑念が晴れて、一件落着！　目出度し目出度し」、となるところだが、混迷はいっそう深まったのである。実験でそれが否定されたことは、彼らが当然のこととした前提のどれかが原子的〝実在〟では成立していないということである。さらにこの新数理理論が語っている物理的存在のイメージは容易に結像しないのだ。従来の物理的存在のイメージを一度ご破算にして、「これだけは最低限満たすべき仮定」のもとで導かれた結論がベルの不等式である。もちろん、歴史的には「イメージなんかで迷うな！」というボーアの思想善導策のおかげで、二〇世紀物理は不自由しなかった。コペンハーゲン解釈の〝状態収縮〟のお呪いを唱えれば、安心立命で仕事はできたのである。しかしアインシュタインたちが提起した〝物理的実在〟を持ち出す議論に決着がついたわけではない。

実験で明らかにされたのは「最低限これだけは満たすべき仮定」も満たされていない事実である。この仮定は局所因果律と呼ばれるが、前のスピンのＥＰＲ実験でいうと、「Ａでの検出結果は、Ｂでの測定角度に依存しない」という仮定である。(もちろんＡとＢをひっくり返した場合も含まれる)。左右に飛んでいった測定されるものの間には相関はあるであろうが、それを各々どう傾けた測定器で測るかは、被測定物（スピン）からは自由に決められる。分かれて飛行している途中から到着するまでの時間の間に自由に測定の角度を変更することもできる。直前に変えればその情報が他方に伝わる以前に測定は実行されてしまう。だから、どう結果が出るかはAでの（ある角度にある）測定器とやって来た被測定物のあいだの局所的な関係で決まっている。これが局所因果性の意味である。被測定物のあいだの相関はいくら遠距離でもあってもいいが、Aでの測定の結果はBでの測定の仕方（角度）には影響されないという意味である。

量子的絡み合いとホリズム

この「仮定」はあまりにも当たり前過ぎていて、「そうでない」とはどんなことかを想像するのが難しい程である。量子力学の結果によると、前述の相関量Cで測られるAとBでの測定データの相関は、局所因果律のもとベル不等式の制限を破って、それよりも大きな相関を持ち得るのである。実験はこの強い量子的相関を検証しているのである。

「Aの結果がBでの測定の仕方に影響しない」が否定されているのであるが、もし「影響する」ということなら、超光速の瞬時の情報伝達の媒体が必要になる。超光速の新物理的存在を持ち込むか、テレパシーのような時空的存在によらない情報伝達が必要になる。

こういう妙な事態を避けようとすると、「AとBでの測定の仕方はじつは相関しているのだ」という見方があり得る。〝そう運命づけられている〟とすれば情報伝達は不要である。測定行為は自由に見えても、宇宙のすべては調和した一体のものだから、ある部分だけを〝分離して〟勝手に変えることはできない。〝自由に選択した〟と錯覚してるが実は宇宙の定めに従っているのだ、と。こういうホリズムの宇宙論は昔から哲学の一つの潮流として今でも健在である。この立場だと、全体からある部分を〝分離して〟論ずることが混乱の根源なのである。しかし物理学の手法とは〝分離して〟ものごとの法則をみることを身上としている。これは真偽の問題でなく、その方が〝よい法則〟であるという立場を主張しているのである。ホリズムではなく、分離可能性を前提に、ものごとを上手に〝分離して〟、簡明な法則に還元して扱う。すなわち、分離可能性はプロセスの還元主義なのである。生物まで含むマクロな存在の法則は存在を要素還元したクォーク・レプトンの物理法則で決まっていると主張するいわゆる要素還元主義と同根ではあるが、ホリズムと対峙するプロセスの還元主義は別種のものである。筆者はこのプロセス還元主義はニュートンの「プリンキピアの科学」に始まると説いている。(8) この時に「原因としての宇宙」から「結果としての宇宙」にコスモロジーは大転換した。

幸い、物理学の還元主義の手法はこれまで大成功してきた。その勢いはいかにもホリズムの見方が適しているような生物学でも成功した。いったん物理学流にバラバラに分離し、その後に纏め上げる手法が大成功している。生態学や環境学においてさえ、〝分離した〟要素の作用の結果として外見の全体的調和を描く物理学の手法が成功している。「分離と還元」が他の科学も席巻する勢いで成功している中で、物理学の中核の量子力学でホリズムが復活したのではスキャンダルものである。

話が妙な方向に走ったようだが、局所因果律の仮定を外すと現われてくる可能性はけっして物理学に閉じない。それどころか科学の中身に話が閉じず、科学は何をすることなのかという問題にさえ発散するのである。アインシュタインもシュレーディンガーも、量子力学の一歩は「こんなことまで拡大するよ」ということを直感したのである。それがEPR論文の標題に〝実在〟などという言葉が登場する背景であったかも知れない。また、当時、シュレーディンガーはこの奇妙な相関を量子的〝絡み合い（entanglement）〟と表現した。なにか、物理的存在で媒介されていない相関を量子力学理論は導入しているのだ。この混乱した事態の考察が本書全体の主題なので、科学の話に特有の〝すっきりした〟という気分に読者がならないのは当然である。決して、筆者の説明のまずさのせいではない。「歴史はいいから、解決編を先に聞かしてくれ」という声もあろうが、解決編は今もないのである。

第2章……アインシュタインと量子力学——創業者の反逆？

「月は見ているときしか存在しない？」

『神は老獪にして……アインシュタインの人と学問』という、アブラハム・パイスによる浩瀚なアインシュタイン伝がある。それは次のような書き出しで始まる。

「一九五〇年の頃だった、私はアインシュタインのお伴をして、プリンストン高等研究所から彼の家まで歩いた。彼は突然立ち止まって私にふと振り向き、月は君が見ているときにしか存在しないと本当に信じているかね、と尋ねた(1)」

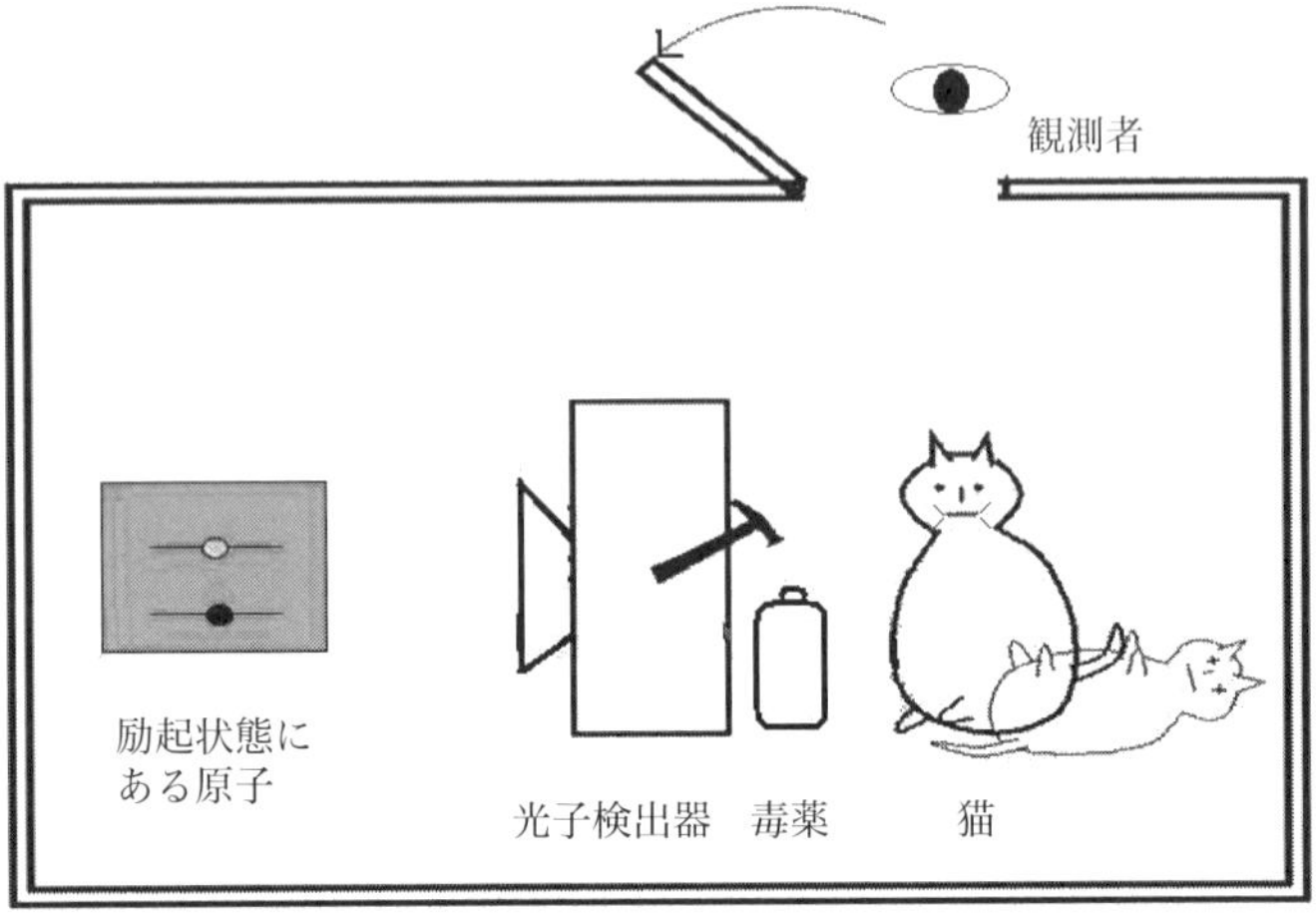

原子（または原子核）の励起状態から平均寿命で光子（放射線）を出して基底状態におちる。光子（放射線）は検出器で捕らえられ、その信号で毒薬の入ったビンが壊れて、猫は死んでしまう。

この「月は……」の問いかけこそアインシュタインの量子力学への不満を吐露したものである。前章で記したEPR実験でのスピンやシュレーディンガーの猫は、測定されるまでは〝重なった〟状態にあり、我々が常識的に思い描く存在は測定ではじめて立ち現われる、というのである。月も見ることではじめて現れるとでもいうのか、そんなことはないだろうと自問しているのである。

一九五〇年といえば、原子エネルギーの威力を見せつけた原爆を経て、すでに物理学は原子や素粒子の研究で大盛況の真っ只中にあった。そんな時代になっても、彼はまだ執拗に量子力学の魔性を考え続けていたのである。実際、哲学者のカール・ポッパーは原子爆弾と実在論を関係させて時代の転換を次のように述べている。

「私は実在論に肯定的な議論をしている。この議論は、合理的なものでもあり、論理を超えた情念でもあり、また倫理でもある。実在論への攻撃は、それは知的には面白いし大事なことでもあるが、受け入れない。とりわけ二つの大戦、と、避け得たにも拘らず起こってしまったあの惨禍の後では、私は受け入れがたい。とりわけ、量子力学に基づいた現代原子論を足場にした実在論に反対する議論は、ヒロシマ・ナガサキで起こったことの現実性において、黙らすべきである。(2)」

これほど確かな「実在」を描く理論の異様さをアインシュタインはまだ直視していたのである。この伝記でパイスはこうも記している。

「彼ら(アインシュタインとボーア)の双方から話を聞いて、一九二五年の量子力学の到来は、一九〇五年の特殊相対論や一九一五年の一般相対論の到来よりはずっと大きい過去との断絶であったことが私にも分かってきた。私は〝既成の〟量子力学に晒された世代なので、私にとってはそのことは明らかではなかった。アインシュタインはもはや量子論には注意を払っていないのだという噂を鵜呑みにしていたが、間違いであることがしだいに分かった。彼は重力と電磁力とを結びつけるだけでなく、量子現象の新しい解釈の基礎をもたらす統一場理論を発見したいと望んでいた。相対論について語るとき彼は不熱心だったが、量子論については情熱的だった。量子は彼のデーモンであった。ずっと後に知ったことだが、アインシュタインは友人のオットー・シュテルンにかつてこう言ったという。「私は一般相対論についてより一〇〇倍も量子論について考えた」。私自身の経験からも、この言明には驚かない[3]」。

アインシュタインは相対論より〝一〇〇倍も量子論について考えた〟のであり、相対論より量子力学の方が〝過去との断絶〟が遥かに大きな革新理論だというのである。ちなみに、驚異の年一九〇五年に彼が友人に出した手紙でも、光子論文を「革命的」と自慢し相対論論文を「単なる運動学的(kinematical)考察」と軽く見ている[4]。こうした認識はアインシュタインといえば相対論と相場が決まっている世間のイメージとは大分違う。また、相対論は何時までも科学愛好家をその知的インパクトで惹きつけているが、それより遥かに知的飛躍の大きいという量子力学がそうでないのは何故だろうという疑問が浮上する。この〝ねじれ〟は科学と社会の関係、特に知的インパクトの源としての科学と社会との間の〝密やか〟で〝危ない〟イデオロギー関係を露呈しているとも言える。ともかく二〇世紀の物理学の進展の実像に迫るためにも、アインシュタインを中心にすえてその展開を駆け足で概観してみる。

〝ハイテクの父〟アインシュタイン

二〇〇五年、国際的に「世界物理年」の取り組みがなされ、記念のイベントが数多く催された。この世界物理年は、百年前の一九〇五年にそれまで無名のアインシュタインが三つの大研究を携えて学界に登場して学界のシーンを塗り替えていった〝驚異の年（Miracle Year）〟を想起して、物理学の教育、研究に活力を持たせようとして取り組まれたものであった。筆者も、国内外で二〇回以上、この記念のイヴェントの機会で講演をした。そこでは、世間に現在流布しているイメージに迎合するのではなく、歴史に即したアインシュタインの全体的な姿を伝えることに努めた。そこで「アインシュタインの四つの顔」をキーワードにすることにした。「革命の人（第一次大戦後）」、「力強い科学（第二次大戦直後）の父」、「夢を広める科学の父（一九八〇年代以後）」、「ハイテクの父（二一世紀）」の四つである。彼が超有名人になったのは「科学にもニュートンを覆す革命があ

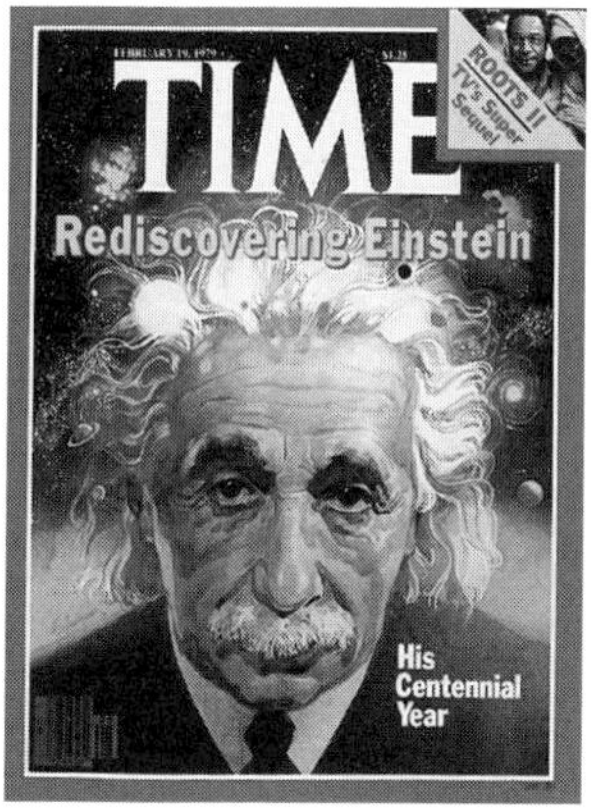

アインシュタインの生誕百年に当たる 1979 年頃は、宇宙や素粒子の研究によってアインシュタインの一般相対論や統一理論が顕彰された。雑誌 TIME 表紙 1979 年

る」と世間に思わせたからであった。そして原子爆弾は $E = mc^2$ の公式とともにアインシュタインの成果と語られ人類の存亡を支配する強大な科学の誕生を告げた。ところが一九七〇年代末から宇宙科学や素粒子統一理論の研究の興隆のなかで彼のイメージは宇宙のロマンを語る科学のアイコンになった。

そして「ハイテクの父」であるが、そこでよく見せた一つの漫画がある。[5] 屋根に太陽電池が並ぶ光景を見ているアインシュタインに「太陽電池会社の株をもっと買っておけばよかった」と言わせている。これは米国物理学会の出版物に載っていたものである。一九八〇年代以降に世間に広まった〝ビッグバン、ブラックホール、統一理論のアイコン〟としてのアインシュタイン像の修正をこの漫画は狙っている。実際、アインシュタインは一九二一年度のノーベル賞を光電効果の解釈で光子説を提案したことで受賞している。相対論でノーベル賞を受賞したのではない。そしてこの光電効果こそ太陽電池の原点である。また現代ハイテクの基幹をなすレーザーの基礎も彼にあると言っても過言ではない。二〇世紀末に実現されたボーズ－アインシュタイン凝縮という分子集団の量子状態も今後のハイテクの芽である。カーナビなどを支える

2005 年はアインシュタインの「驚異の年（1905 年）」百年を記念して世界物理年が記念された。この漫画は学界の雰囲気の変化を受けて米国物理学会（AIP）の月刊のニュース紙に掲載されたもの。アインシュタインに「太陽電池会社の株をもっと買っておけばよかった」と言わせている。

GPSシステムの精密な計時で一般相対論も役立っている。またEPR絡みの量子情報の技術が二一世紀に実現するかもしれない。アインシュタインはまさに〝ハイテクの父〟なのである。

何しろ相対論だけで十分に二〇世紀のヒーローであるから、量子力学構築に向けた一連の業績やハイテクの芽については余り語られなかったのかも知れない。しかしミクロの科学の立役者一人であるアインシュタインの実像が語られなかった本当の原因は、後半生で彼が量子力学に反対した事情にあるのだろう。量子物理学の大躍進のなかで、あのカリスマ物理学者アインシュタインが量子力学に反対しているのだという事情は誰にも不安な戸惑をもたらすからである。このことが〝アインシュタイン像〟のゆがみに伝染し、ひいては本書の主題の量子力学の魔性が表立って議論されなかった原因にもなっている。

「物理学の世紀」

『物理学の世紀』[6]では、二〇世紀の時代区分を、「創造：原子の言葉（一九〇〇—三四）」、「展開：物理帝国（一九三五—七四）」、「成熟：物理のデザイン（一九七五—二〇〇〇）」としている。この歴史認識の妥当性は前書を見て貰うとしても、「創造」期の記述は誰が書いても似たり寄ったりになるであ

1927年にイタリア・アルプスのコモ湖畔で開かれたボルタ記念集会での（左から）フェルミ、ハイゼンベルグ、パウリ。

ろう。実験による原子内部の世界の発見と量子力学、相対論、一般相対論という三つの理論が完成したという優勝劣敗の史観が可能だからである。それに対し「展開」、「成熟」の時代にはいくつかの並列した研究の歩みになるので〝史観〟はばらけてくる。

「創造」期の主役の一人がアインシュタインであるが、実は、世間の知名度で彼が「別格」であるほどには特別の存在であるわけではない。世間で著名になった理由は〝一九一九年の一件〟であり、これは一種の社会的熱狂現象であった。『西洋の没落』といった本がベストセラーになる第一次大戦直後の欧米社会の雰囲気の産物である。

この経過については別に精述してあるので繰り返しは省く。[7] この一件を物理学の重要事項として描くのは、科学と社会を混同した大錯覚である。〝一九一九年の一件〟は一般相対論の検証を中身としているが、これが別格であった訳ではない。この社会的熱狂は物理学の研究現場からは浮いた話題であった。

一般相対論は確かに、当時、理論物理を目指す多くの若い俊英たちをも魅惑したが、直ぐには展開が見込めないため、この研究に参入する者は殆どなかった。一般相対論の科学界での本格的「展開」は一九六〇年代末まで先送りされるのである。例えばハイゼンベルグの自伝でも、彼が先輩のパウリから「自分は一般相対論を勉強して本まで書いたが、あれは止めておいた方がいい」と忠告されて原子の謎の方に目を向けたと語っている。[8] 日本でも一九二二年のアインシュタイン訪日で一般相対論があれほど世間の話題になったが、研究現場では何も始まったわけでもなく、またその熱気を中学生として感じつつも湯川秀樹も朝永振一郎も原子の世界の開拓者としてのアインシュタインを追ったのである。そしてアインシュタイン自身、あの相対論での社会的熱狂の最中でも、最後まで未解決であった原子の世界の謎を彼は追っていたのである。

原子の世界へ――量子の発見

二〇世紀科学を特徴付ける原子の世界への扉をこじ開けたのは一九世紀末の実験上の発見であった。X線の発見（一八九五年）、放射線の発見（一八九六、七年）、電子の発見（一八九七年）などである。これらはみな、従来の物理学から予想されたものではなく、いわば偶然の珍獣の発見であった。その一方で、従来の理論にそって系統的に積み上げられた実験の結果が従来の理論では解釈がつかなくなっているものもあった。エーテル、黒体放射、光電効果、線スペクトルなどの実験結果である。

理論の革新は後者から始まった。製鉄業の要請もあって精密に測定された黒体放射強度の振動数分布が光の波動説と矛盾していたのである。一九〇〇年マックス・プランクは振動のエネルギーが振動数の整数倍だけに限られるという量子仮説によって実験結果を再現して見せた。ここで振動エネルギーの最小単位［振動数］×hを決めているプランクの作用量子定数が導入された。続いて一九〇五年、アインシュタインは、光のエネルギーが電子に集中して受け渡されるようになる光の粒子説によって光電効果を説明した。一九〇七年、アインシュタインは比熱の説明にも、エネルギー＝［振動数］×h関係を拡大し、ミクロの物体運動全般に飛び火するきっかけをつくった。さらに一九一三年、ボーアは原子内部の電子の運動にhを用いて離散的なエネルギー準位（レベル）の概念を導出し、原子からの線スペクトル光の詳細な実験結果を見事に説明した。hの重要性の認識は一気に深まり、ミクロの世界の実験的探求の進展と相俟って、前期量子論と現在呼ばれる研究が躍進した。

当初、プランクは最小作用単位hは黒体放射に特有な仮説と考えていた。hを他のミクロ現象に拡大した張本人がアインシュタインであり、ボーアの成功はその延長上にあった。一九一一年のソルベイ会議「放射と量子」がアインシュタインの物理学界へのデビューであったが、そこに彼が招待されたのはこうした量子論の展開へのリーダーとしてであった。そしてこうした量子論拡大の功労者として一九二一年度のノーベル賞を受賞したわけである。

相対論とは何か

アインシュタインをこの様に量子論の開拓者と描くと、「このアインシュタインは相対論のアインシュタインとは別人か?」という疑念を誘発するほどである。確かに「驚異の年一九〇五年」には、光子説以外に二つの重要論文を彼は発表した。その一つが「運動物体の電磁気学」であり、これが特殊相対論である。電磁気学は一八六六年にマックスウェルにより基礎理論が完成し、一九世紀末にはモーターや電信で利用が広がり、すでに「電気の時代」となっていた。ところがこの理論で想定されているエーテルがいつまでも実験にかからないことが不安な謎になっていた。アインシュタインはこの「一九世紀の謎」に最終回答を出したのである。いま相対論を学習すると分かるが基本はローレンツ変換である。なぜ「アインシュタイン変換」ではないのだろうと疑念を抱くべきであろう。アインシュタインより一〇年近く前に、ローレンツがこの変換式を提出していたのでこの名称なのである。また相対性原理という概念も名称もポアンカレに依るものである。特殊相対論の根幹であるこうした要素は既に存在していたのなら、アインシュタインは一体何をしたのか？　となる。

アインシュタインが行ったことは、電磁気学の問題で発覚した矛盾を、より一般的な時間空間の問題に格上げしてエーテル不在問題を解決したことである。しかし数式や実験への影響から見ると何も変更がないので、多くの物理学者には猫に小判だった。真価は新理論の一般相対論への拡張で初めて発揮される。一九三〇年代以後、原子核素粒子物理の誕生で特殊相対論は不可欠のものになり、一九六〇年代以後、一般相対論は宇宙現象の解明に大活躍をした。さらに、一九七〇年代に入ってからのゲージ理論による素粒子の標準理論の完成に導いたのは、一般相対論を嚆矢とするゲージ対称性の原理であった。そして物質と時空の統一理論への試みは現在進行形である。彼が量子力学を離れて孤独に没頭した統一場の夢は、ミクロの量子物理学を経ることで、再興の可能性が生まれている。

アインシュタインを世間的に有名にした「一九一九年の一件」の五年前、一九一四年に、彼は当時の物理学でも最高峰であったベルリン大学教授に迎えられていた。着任して間もなく勃発した第一次大戦の最中であったが、身体をこわすほど集中した一人仕事で一般相対論を完成した。しかしそれを応用する天文学の観測技術が伴わないために、一九一九年の日食での光線軌道の湾曲観測以外には、大きな展開はなかった。彼のこの仕事は原子世界の探求という物理学研究の大勢には影響しなかった。ただし時間空間に関わる議論は、カントの先験的概念としての時間空間論などとも関わり、西洋哲学での連綿と続く課題への関わりもあって、哲学には大きなインパクトがあった。「一九一九年の一件」の熱狂の下地には、社会心理のほかにも、科学の枠を超えた知的インパクトもあった。それを考え合わせると、〝過去との断絶〟がより大きな量子力学の知的世界へのインパクトが相対論ほどでないのは改めて不思議である。この原因は物理学者の見解がバラバラな為に周辺が困惑しているからだと筆者は考える。

ボーアの大方針——古典論から新理論へ

前期量子論の大成果であるボーア原子模型では作用次元を持つ量をhの整数倍で置き換えるという便法が功を奏した。これを展開する中では、解析力学を駆使したエーレンフェスト、ゾンマーフェルドらの巧妙な手法（断熱不変作用量子化法）が使われ、それが精緻な分光実験を説明した。この便法

ニールス・ボーア（Niels Bohr 1885-1962）、1920年頃。

の成功は次のことを認識させた。一つは原子世界の力学理論は、従来の力学理論とは根本的に違うということであり、二つには〝新理論〟は、対象が特殊な場合（すなわちマクロな世界を対象とする場合）、従来の理論と近似的に結びついている、ということである。そして〝新理論〟との対比で従来の理論は〝古典論〟と呼ばれることとなった（相対論もこの意味では〝古典論〟である）。古典論の基礎理論は力学と電磁気学である。

ボーアは、前期量子論はあくまでも新理論への過度期であるというスローガンを強く唱えてリーダーとなっていった。彼の作戦と見通しは、新理論は古典論を駆逐するのではなく、それぞれは共存するというものだった。無手勝流では〝新理論〟の構築を出来ないから、作戦としては古典論の何を残して何を捨てるか？である。彼には原子世界は基本的に古典論が成立する世界とは異質なものだという発想があった。前章でも述べたように、彼の戦略は原子世界の新要素の発見を促した。すなわちコンプトン効果（光子と電子の衝突におけるエネルギー・運動量のやりとり）、原子の磁気、スピン、ボーズ–アインシュタイン統計（粒子の非識別性）、ド・ブロイの電子の波動説、などである。原子という新世界の存在物が急速に豊富になっていった。

数理理論の構築へ——行列力学と波動力学

この活気が、つぎはぎだらけの前期量子論から〝新理論〟への飛躍を醸成していった。飛躍のスイッチとなったのは、一九二四年の、ボーア、クラマース、スレーター（BKS）の「放射の量子論」という論文であった。これにクラマース・ハイゼンベルグ（KH）が続き、ハイゼンベルグ（H）の飛躍を得て、ボルン、ハイゼンベルグ、ヨルダン（BHJ）の〝三人男の作品〟（Drei Manner Arbeit）と呼ばれた行列力学が完成した。同じ頃、イギリスのディラックも同じ結果を得た。これとは別の流れでシュレーディンガーが波動力学の論文をいくつかシリーズで出した。すぐにディラックとヨルダンが波動力学と行列力学の関係を変換理論というかたちで明らかにし、また波動関数の確率解釈をボルンが提案し、一九二七年夏のコモ湖での講演で、ボーアがこれらの進展を総合したコペンハーゲン解釈を提出した。数理的な面は一九三二年にヒルベルト空間や作用素論で基礎付けられた。この間、たかだか数年間という、急激な動きであった。

物理的な課題設定はBKSで出され、KHはいわば問題を〝おたく的〟ゲーム感覚で深追いし、HはそこでH煮詰められた課題の謎解きで新アイデイアを思いつき、それが行列という数学であることにBJが気づき、BHJの完成に到る。短期間、コペンハーゲンに行っていたハイゼンベルグが先輩のクラマースと一緒にボーアの問題を深め、ボルンの助手としてゲッチンゲン大学のボルンの研究室に移ったころにアイデイアが飛び出し、まだ学生のヨルダンが行列の数学を勉強していたのがきっかけで、ボルンが一気に理論的に完成させたようである。ゲッチンゲンは、当時、数学の中心として有名な大学だった。

一九二五年にまだ二四歳だったハイゼンベルグと違って、シュレーディンガーは、第一次大戦にオーストリア軍の兵士として従軍したぐらいだからすでに三九歳だった。敗戦と帝国の崩壊で国が小さくなり、約束されていた大学が〝外国〟になったので就職先が消えてしまった。そんな不運も重なって長く職に恵まれず、その四年前に、ようやくスイスのチューリッヒに職をえたと思う間もなく、ベルリン大学に引き抜かれた。この素早い対応は波動力学がプランクやアインシュタインの大家たちに理解可能であり、またその世代の世界像を救うものと期待されていたことを証明している。逆に言うと、ボルンが教授をしているゲッチンゲン大学で構築された行列力学への拒否反応が、ベルリンを中心とした多くの理論家にもあったということである。何といっても行列という数理的手段が従来の物理学者のイメージに馴染みにくかった。しかし飛躍は単に数理手段にあるのではなく、物理的世界像そのものについてあることが次第に明らかになった。自分たちが作った行列力学のあまりの抽象性を実感していたボルンは波動力学にその救いを期待したが、波動関数の確率解釈に到達して、ボーア派の優勢に加担する結果に終わった。

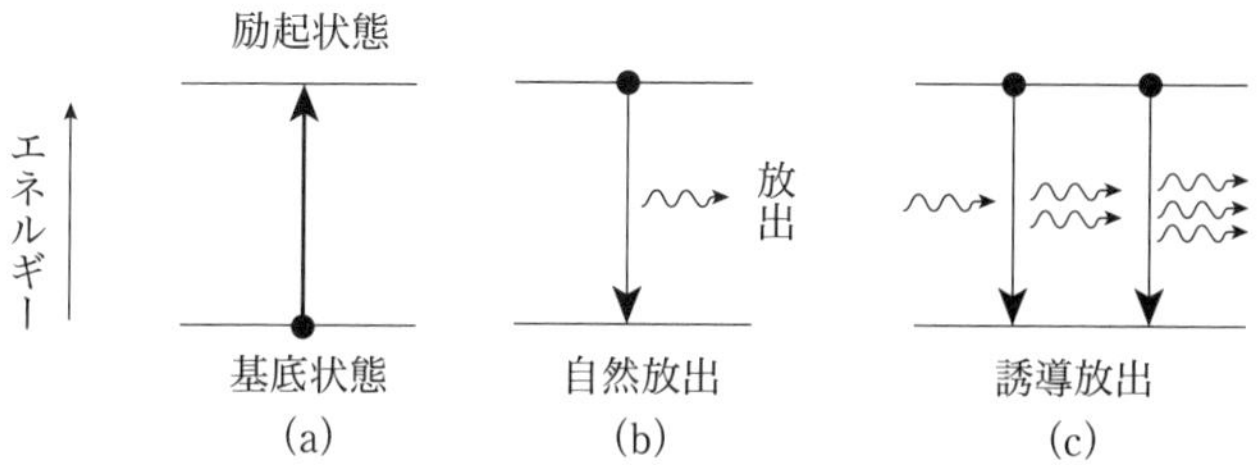

原子の中の電子のエネルギー状態が基底状態にあれば、（ａ）光子を吸収して励起状態に遷移する、（ｂ）励起状態にある電子は光子を自然放出して基底状態に戻る、（ｃ）励起状態に多くの電子がある場合に光子を注入すると誘導放出によって基底状態に戻る過程で多くの光子が放出される。これがレーザーの仕組みである。1917年、アインシュタインは原子からの光の吸収・放出についてこのような考えを出した。

アインシュタインの関与

一九二四年のボーアたちのＢＫＳ論文の冒頭のアブストラクトは次のようである。

「我々は、光の伝播については古典論を維持しつつ、量子論的な光学スペクトルのメカニズムには量子論をつかう。連続的な放射の放出はアインシュタインによって導入された確率によって非連続的な原子過程と結び合わされる。従来と少し違った対応原理で、非連続過程で仮想的振動子を扱う」(9)

原子からのスペクトルでは（前期）量子論が成功しているが、光の伝播については古典論が成功している。「伝播の古典論」とは干渉、屈折、回折といった幾何光学と電子論による物体中の電磁波理論である。一方、量子論での放射機構は、アインシュタインが一九一七年に提案した確率的な非連続過程（遷移）の見方が成功している。だから伝播についても量子遷移での説明が要求されているというのが、課題設定である。ファン・デア・ウェルデンは量子力学理論建設の歴史の考察で出発点をこの論文であるとしている。[9]

ここでもアインシュタインが契機となっていることが分かる。一九一七年というと一般相対論の完成直後である。ベルリン時代のアインシュタインの興味はじつに広く、一般相対論へ集中したといっても一、二年のことであり、その間にも原子と光の研究を平行して行っている。アインシュタインの一九一七年論文の標題は「放射の量子論」であった。原子内の電子の状態はボーアが明らかにしたように離散的なエネルギー準位の状態だけをとれる。そして状態の変化に伴ってエネルギー保存を満たすように光の放出・吸収がおこる。このエネルギー準位間の往来は、途中のエネルギー状態が許されないので、一気に他の準位にジャンプするということになる。これは非連続的な過程であるが、問題はその準位にいってからどれだけ時間が経つとジャンプするか？である。アインシュタインはこの時間が確率的にしか決まらないとした。ジャンプが起こっているか、起こっていないかの確率が半々となる時間を平均寿命という。平均寿命より時間が短いならジャンプはまだ起きていない確率が高いが、時間が十分経っておればジャンプは確実に起こってしまっている。

アインシュタインの「神はサイコロを振らない」というセリフは決定論的でない量子力学への反対表明として有名だが、彼こそが確率のアイディアで量子論を前進させた張本人なのである。この論文で導入された確率を表す量は、レーザーなどの原子分光の分野では、いまもアインシュタインのA係数、B係数と呼ばれて使われている。また、ボルンが一九五四年のノーベル賞講演で述べているように、シュレーディンガーの波動関数をボルンが確率で解釈したヒントも、アインシュタインによるものであったという。ド・ブロイの電子波の解釈についてもアインシュタインは直ちに確率解釈を提唱していた。

強引な伝道師ボーア

シュレーディンガーが理論構築の際に描いていた波動関数のイメージは、電磁場のような時空内の存在であった。そしてそのことが、多くの研究者がこれこそ〝新理論〟のあるべき姿と期待した点であった。行列力学の抽象性には多くの研究者が当惑していた。シュレーディンガーは水素原子問題を解いて、前期量子論で確立している関係を導いてみせた。数理手段も、太鼓の膜の振動を解く様な、古典物理で馴染みの固有値問題だった。そして彼は電子運動を記述する波動関数振幅の2乗を電子の存在分布と見なした。波動力学はまたたく間に物理学者の間で広がった。行列力学は具体的な問題解法には役立たなかった。

一九二六年の夏、シュレーディンガーはゾンマーフェルドに招かれてミュンヘン大学で話をした。たまたまハイゼンベルグが出席者していて、講演後、「エネルギーが飛び飛びに変化するようにしないと、プランクの黒体放射の法則も導けないですよね」と質問した。すると、長老であるヴィーンがひどく怒ってこう言った。

「なるほどお若い方、君は行列力学やら量子飛躍やらが、いまやすっかり忘れ去られる運命になったのが残念だというわけだね。しかし見ていたまえ、シュレーディンガー君がじきにすべての問題を解決してくれるだろうから(10)」。

ハイゼンベルグが後に語っているこの光景は当時の雰囲気をよく伝えている。彼の質問は敵対的でもない普通のものだが、ヴィーンのような長老にとっては、ハイゼンベルグのような者がのさばるのを感情的に許せなかったのである。

その後の一九二六年九月、シュレーディンガーはボーアにも招かれてコペンハーゲンにいった。講演の後、ボーアは直ぐ寄ってきた。「だがね、シュレーディンガー、君はぜひとも理解しなくてはならないよ。そう、理解しなくてはね(10)」と執拗に〝波動関数を時空内の存在〟とする考えを放棄するよう説得した。旅先での昼夜にわたる押し込み議論で疲労困憊したシュレーディンガーは、ついには入院する事態になった。驚いてボーア夫人が見舞いにいくとそこでもボーアがシュレーディンガーに議論を吹っかけているのをみて驚いたという。この強引ともいえるボーアの迫力と洞察力に圧倒されて、シュレーディンガーも波動関数が時空上のものでなく、従来の物理学には馴染まないものであることを理解すると言ったという。これで、ようやく〝釈放〟してもらったが、本心からしっくりした訳ではなかった。だが、これ以後、シュレーディンガーはボーア派への反対を表面だっては控えるようになった。こうしてプランクを含む長老や一般の研究者のシュレーディンガーに期待した復古革命は頓挫したのであった。いったん広まった波動関数のイメージの修正は、徹底しないまま現在にも及んでいると思う。扱う問題によっては誤解も正解だからである。

物理的総仕上げ——不確定性関係

その物理的意味があいまいなまま数理手法としては、行列力学よりは波動力学が普及していく中で、ボーアはハイゼンベルグ相手に理論に物理的内容を与えるべく熟考に熟考を重ねた。一九二六年末、ボーアは一人で考えるとノルウェーにスキーに行った。彼はこのあと相補性原理をもって帰ってきた。ハイゼンベルグはこの間に不確定性関係を見出した。ここでも彼が一九二六年初めにベルリン大学で行列力学を講演した後に、アインシュタインの自宅に招かれて交わした対話（第6章参照）での、アインシュタインの「何が観測されるかを決めるのは理論なのだ」という言葉がきっかけとなったと言っている。彼によるとアインシュタインは次のように言った。

「観測するということは、一つの現象と、その現象に関する理解のあいだに何らかの関係をつけることだ。原子の中で何かが起こって光が放出され、その光が写真乾板に当たり、それを私たちが見て、……という一連の出来事を考えよう。このとき、原子と、君の目と、君の意識のあいだで起こる一連の出来事は、古い物理学を使っていたときとまったく同じに起こっていると考えねばならない。この一連の出来事に関する理論を変えるというなら、当然、観測されることも変わるはずなのだ」(11)

ハイゼンベルグはこの助言が決定的に重要だったとしている。数理的にはディラック、ヨルダンの変換理論が役に立った。こうして位置と速度は同時には正確に記述できないという不確定性関係を見出した。

「シュレーディンガーは量子力学を、その曖昧さと抽象さの故に、思い止めるべきものであり、不愉快だといっている。確かに、シュレーディンガー理論も寄与した量子力学の数学的定式化の価値をめぐっては、あまり高い賞賛の声はない。しかし主要な物理的問題に関して言えば、私の意見では、波動力学の広い使い勝手いのよさもあって、一方ではアインシュタインとド・ブロイが考えるような道、もう一方ではボーアと量子力学による道、にともかく動き出したといえる。」（一九二七年論文脚注(12)）

このハイゼンベルグの文章はこの時点ではまだ決着がついていない二つの流れがあることを認めている。しかし間もなく〝アインシュタインとド・ブロイ〟の道は後退しボーア路線が優位になるのである。

ボーア-アインシュタイン論争

一九二七年九月、イタリア・アルプスの風光明媚なコモ湖畔で「ボルタ没後一〇〇年記念」の国際会議が開かれた。開催意図自体はムッソリーニ・ファッショ政権の国威発揚であったが、量子、原子の物理学の急展開を総括するタイムリーな大型の国際会議になった。ここでボーアは「量子仮説と原子理論の最近の発展」というコペンハーゲン解釈宣言とでもいうべき講演をした。この論文はその後「原子理論と自然記述」などとタイトルが変わったり、加筆されたりしたが、長く読み継がれた。筆

1927 年のソルベイ会議は量子力学理論を承認する機会となり、これ以後、この理論を使った研究が活発になった。前列左からラングミュア、プランク、キューリー、ローレンツ、アインシュタイン、ランジュバン、グイエ、ウイルソン、リチャードソン、二列目、左からデバイ、クヌーヅソン、ブラッグ、クラマース、ディラック、コンプトン、ド・ブローイ、ボルン、ボーア、参列目左からピカード、アンリオ、エーレンフェスト、ヘルゼン、ドウ・ドナー、シュレーディンガー、ヴェルシャフェルト、パウリ、ハイゼンベルグ、ファウラー、ブリルアン。

者も学部学生の時にドイツ語でこれを読む学習会に出ていたことがある。一九五〇年代まで、日本は著作権条約に加盟していなかったからか、多くの名著の「海賊版」が安価で手に入った。

ボーアは後に次のように書いている。

「コモ湖での一般講演では、私たちのすべてにとって残念なことに、とうとうアインシュタインに出席してもらうことができなかった。しかし、そのすぐ後の一九二七年一〇月に、ブルッセルにおいて「電子と光子」というテーマでもたれる第五回ソルベイ物理会議では、彼と会うことができた。その会議ではアインシュタインは終始もっとも卓越した人物であった。そして私たちの何人かは、発展の最新段階に対して彼がどういう反応を示すか知りたいものだと、期待に胸をふくらませてこの会議に参加した。なにしろ私たちの見るところでは、その最新段階では、ほかでもないアインシュタイン自身が量子論の発端からきわめて独創的に嗅ぎ当てて切り開いてきた諸問題を、大幅に明確にすることになったと考えられていたからである。(13)」

1927年のソルベイ会議からボーアとアインシュタインは量子力学の理論について大議論を展開した。

ボーアのこの期待は裏切られて、彼はアインシュタインの強烈な反論に出会う。以下は若手のホープとしてこの会議に出ていたハイゼンベルグによる回想である。

「ところが私たちはまたしても難しい状況に直面することになりました。一九二七年のソルベイ会議で、アインシュタインとボーアが論じ合ったときのことです。ほとんど毎日のように、次のようなことが繰り返されました。私たちはみな同じホテルに宿泊していたのですが、朝食に現れたアインシュタインはボーアに向かって、不確定性関係、ひいては量子論に関する私たちの解釈を否定するような新しい思考実験の話をしたのである。(14)」

アインシュタインが提起したテーマは、主にボーア派の解釈で時間空間における因果的説明がどの程度まで放棄されるのかという点であった。この論争は二人の間で次のソルベイ会議（一九三〇年）の機会にもあったが、アインシュタインがあまり反論しなくなって鎮静化していった。そして次々回の一九三三年の会議では物理学は既に量子力学を使った原子核の世界の解明が中心テーマになっていった。この論争の内容はボーアの文章[13]で詳細に語られているが、アインシュタインの側からの言及はない。ボーアはこれでアインシュタインのお墨付きも得たという流れをつくるのに成功した。

ナチスのアインシュタイン攻撃

この時期、アインシュタインは物理学とは違う政治の流れの中で対応に追われていた。第一次大戦敗北後のドイツでは敗戦、帝政崩壊、革命騒ぎ、過酷な賠償、超インフレ、弱体なワイマール政権といった混乱の中で、国民は不満と不安のどん底にあった。そんな国民総懺悔の不幸のなかで、「一九一九年の一件」でアインシュタイン一人が世界の寵児としてスターになった。ワイマール期は彼だけでなく多くのユダヤ人エリート層の活躍が政治、社会、文化全般で目立った時期でもあった[15]。そんな中、ヒットラーのナチスが勢力を持ってくるにつれ、アインシュタインに対する嫌がらせが始まった。

ドイツ国民のユダヤ人攻撃の矛先はまず指導的なユダヤ人をターゲットとした。アインシュタインもその一人で自分自身の暗殺を恐れていた。

反ユダヤの世上と連動して、アインシュタインへの攻撃は身近の学界や大学でも始まり、攻撃は物理学の中身にまで及んだ。先頭に立ったのは、ともにノーベル賞を受賞しているレナートとシュタルクであった。レナートは光電効果の実験の成果で一九〇五年にノーベル賞受賞していた。シュタルクも光子説をはやい時期に評価し、ともに実験の面から原子の世界を切り開くのに功績のあった人達であった。アインシュタインの一九〇五年の光子説の論文で引用されているのは、皮肉にも、この二人である。かつて彼を原子世界に引き寄せた実験家が攻撃の旗頭に立ったのである。

当時、物理学の最先進国とも言えるドイツの学界内において、こうした動きが一定の拡がりをみせた背景には、相対論以後、過度に抽象化していく物理学理論に戸惑う平均的な物理学者の声なき声もあった。抽象化＝ユダヤ物理＝理論物理を攻撃の俎上に上げ、対抗の旗印として「アーリア人の物理」の創造をかかげた。急激に物理学界のシーンを変えるほどに存在感を増していた新興分野「理論物理」への反感もあった。学問論の観点から、これは今日的課題でもあると筆者は考えている。

それにしても、一九三三年一月、ナチスが政権を奪取した後にもこの動きが学界の全面的な塗り替えに到らなかったのは、プランクが学界の中枢で抵抗していたからであった。高齢になっても彼は学界組織の重要な地位を退かずに、親ナチの学者への世代交代を阻止したと言われている。プランクは、帝政期、ワイマール期、ナチス期と、一貫して帝政時代の学者の威厳を厳格に墨守して、彼流の愛国主義を貫いたのである。ドイツ国民の敬愛の念は、現在のドイツの学術研究所群を司る組織の名称がマックス・プランク機構であることに表明されている。

アメリカ亡命

嫌がらせにうんざりしたこともあって、アインシュタイン夫妻は各国の大学などからの招待に応じてドイツの外で過ごす日々が多くなった。大戦で大きなダメージを受けなかったアメリカは、その経済力でもって学術研究面でも実力を増大させていた。カリフォルニア工科大学の天文台は一九二九年に膨張宇宙の兆候を発見し、引き続き一般相対論の宇宙モデルを決めるという壮大なプログラムを掲げて次の巨大望遠鏡建設に動いていた。(それらが実際に実を結ぶのは、間に第二次大戦を挟んで、一九六〇代になる) そこにはヨーロッパとは違う新しい息吹があった。一九三一年からアインシュタインはそこにしばしば滞在し、そこからヨーロッパでの招待に出向くような場合もあった。そして一九三三年一月にヒットラーが政権の座についたのを期にアメリカに亡命し、一九三四年秋からはプリンストンの高等科学研究所に落ち着いた。EPR論文はその翌年のものである。

原子爆弾創造の指導者として国家のヒーローとなったオッペンハイマーは、第二次大戦後すぐにこの研究所の所長に就任した。原爆の指導者として砂漠の秘密基地ロスアラモスに赴くまで、彼はカリフォルニア大学バークレー校の理論物理学の教授だった。戦後、いったんバークレーに戻るが政府の要職が増えたので、ワシントン通いに便利なプリンストンに移ったのである。個人資産の寄付で設立されたこの研究所が開所した時期は、ちょうどナチス政権時成立と重なり、実質上アインシュタインが所員の第一号であった。その後は亡命してくるユダヤ人科学者、フォン・ノイマン、ハーマン・ワイル、ユージン・ウイグナー、クルト・ゲーデル、などを迎え入れた。

そうは言っても些か宝物収蔵館の観があった研究所に新しい若い血を入れて、研究の最前線の機関となるべく発展させるのに手腕を発揮したのは、オッペンハイマーだった。彼はまた、湯川秀樹や朝永振一郎、中国の若いリーやヤンなどアジアにも目を向けて、プリンストン高等研究所を国際的に重要な研究センターにした。これには量子物理の創造期に国際的なセンターの役割を果たした、ボーアのコペンハーゲンの研究所というお手本があったともいわれる。

原爆の衝撃に驚いた世界は、アインシュタインを原子力のエネルギーを解放した科学者として賞賛した。雑誌 TIME 表紙 1946 年

アインシュタインの誤り

このオッペンハイマーが一九六二年にアインシュタインについて触れた発言がある。

「しかしアインシュタインの晩年の二五年ほどの間、彼が従った伝統は彼を誤らせた。それは彼がプリンストンで過ごした時代のことであり、悲しいことだがそれは内緒にしておくべきことではない。彼には自分のやり方で考える権利があった[16]。」

アインシュタインの物理学上の「誤り」には次の二つがあると言う。一つは量子力学に関するもので、

「彼は不確定の要素を極端に嫌った。彼にはどうしても連続性と因果性とを捨てることができなかった。なぜなら彼はそのような考えとともに育ち、彼がその困難を救い、その適用の範囲を広げて守り続けてきた信条だったからである。そして彼には、それらに立ち向かう暗殺者の手に自らあいくちを手渡すような結果になったとはいえ、この信条を失うことはとうてい耐えられないことだった。彼は気高く、しかし激しい仕方でボーアと論戦した。彼は自分が育てた量子理論を憎み、そ

してそれと戦った。けれどもこのようなことは科学の歴史の中でよくあることなのです。」

続いて二つ目の「誤り」は統一場の試みであるが、それは研究の流れに即応してない「偶然に取り上げられた」手法であったと断じている。しかしその原因は、原子核・素粒子の研究が「彼の人生にとってあまりに登場が遅すぎたからである」と、オッペンハイマーは時代のせいにしている。確かに、重力と電磁力という古典的力以外に、原子核レベルでの新たな力の課題が浮かび上がってくるのは一九三二年の核物理の年以後であり、フェルミのベータ崩壊の理論（一九三三）と湯川の核力理論（一九三五）がその嚆矢であった。アインシュタインの統一場の試みは、古典的な力だけを念頭においていた非量子論的手法に固執していたのである。

原爆の父オッペンハイマーは、戦後はアインシュタインの滞在するプリンストン高等研究所の所長に赴任した。1946 年の写真。

「孤独になったアインシュタイン」

「一九一九年の一件」によって超有名人となり一方、時代は前期量子論から量子力学理論へ、続くナチスの勢力増大とユダヤ人攻撃、原子核素粒子物理学の開闢、などなど、一九二〇年代から三〇年代にかけてのアインシュタインをめぐる諸環境——個人的にも、政治的にも、物理学の世界においても——は激動の時期であった。個人的な環境について加えれば、「一九一九年の一件」の余波で最初の妻ミレーバとの離婚、彼らの二人の息子との別れもあった。また政治的環境という点では、ユダヤ人攻撃の被害者、亡命者としてだけでなく逆にユダヤ人国家建設のシオニズム運動のリーダーに担がれるということもあった。

こうした個人環境の「激動」の中で、量子力学のフィニッシュを自分で切れなかったのは痛恨事であったろうし、また流浪の身では、ボーアのように人的な交流を活発にして新理論の定着に指導性を発揮することもできなかった。新興核物理の中で量子力学の実績をフォローアップする研究環境にもなかった。さらに孤立した事情には、研究の態様がアインシュタインのような〝一人仕事〟のスタイルから、若手を含む共同研究、研究情報ネットワーク、といった要素が重要になっていった研究スタイルの変遷とも関連している。ボーア派の成功は研究組織革新の先進例でもあったのである。

こうした諸々の時代の波の中で物理学研究最前線でのアインシュタインの存在感は一九三〇年頃から急速に薄くなっていった。拙著『孤独になったアインシュタイン』はこのことを主題にしているが、「孤独になった」最大の要因は、アインシュタインのイメージが「量子力学への反対者」という抵抗勢力巨頭のネガティブなもの転じたことであった。筆者が物理学を学びだした一九五〇年代後期でも、ヒーローはフェルミやハイゼンベルグであり、アインシュタインではなかった。一般相対論が宇宙物理で再登場するのはこの後の一九六〇年代後半のことであり、一九五〇年代の学生の目にも、相対論は量子力学より一段古い過去のものに見えたものである。アインシュタインの七〇歳を記念して彼の物理学への見解[17]と関係者の寄稿からなる大きな本が出版された。そこでもアインシュタインは量子力学不完全論を唱え、また寄稿ではボーア、パウリ、ボルン、ハイトラーらが、依然としてアインシュタインに量子力学承認を説得している。

二〇〇五年の世界物理年の折には、筆者はアインシュタインの「四つの顔」、すなわちレーニンと並ぶような「革命の人」、原子力の「力強い科学の父」、宇宙や統一理論の「夢を広める科学の父」、「ハイテクの父」、のすべてを正しく理解することの重要性を訴えた。ところが宇宙や統一理論という「四つの顔」の一つにしがみついて発言する専門家が多かったのは残念であった。歴史的な視点を失って自己の研究分野の誇示にばかりに走る有様は、「物理帝国」の黄昏を見る思いがした。彼の「量子力学反対」は「帝国の埋蔵金」の暗示なのかも知れず、これこそアインシュタインの「第五の顔」となるのかも知れない。

第3章……量子力学解釈問題小史――「世界」と「歴史」の作り方

「驚天動地のスーパーサイエンス物語」

近年、科学をグローバルな社会システムに組み込む役目において国際的な存在感を高めているのが、週刊科学雑誌『ネーチャー（nature）』である。この雑誌の二〇〇七年七月五日号のカバーを異様な図柄が飾った。一九五〇年代アメリカ漫画（劇画）の様式で、一人の婦人のコピーが無数に連なっている様が描かれている。こういう雑誌の表紙は「カバー・ストーリー」といってその号の特集テーマを表しているが、最近の『ネーチャー』のそれは大半がバイオ、ハイテク、環境であり、そこに取り上げられれば、関連分野の研究費事情が好転することがある程の影響力を持っている。

雑誌 *NATURE* の 2007 年 7 月 5 日号の表紙。

そういう生々しい威力を持つ、いわば科学技術研究先端の「週代わり」ショーウィンドウになっているカバー・ストーリーにしては、この図柄は異様であった。このカバー・ストーリーのテーマは「多世界（many worlds)」であり、字幕には「驚天動地のスーパーサイエンス物語」、さらに「量子力学の究極の不思議さの五〇周年」とある。カバーに書かれたこの号の他の記事の表記もカバーに描かれた漫画の雰囲気に合わせていて、例えば、毎号ある求人欄の見出しも「目に見えない科学者（The Invisible Scientists!）を求む」といった具合である。本書の主題でもある「量子力学の究極の不思議」がテーマとなっていて、この特集号はヒュー・エヴェレという人が一九五七年に書いた「多世界」論文の五〇周年記念だよ、というのがこの漫画表紙の意味である。

今をときめく『ネーチャー』のカバー・ストーリーになるのだからこの「驚天動地のスーパーサイエンス物語」はさぞかし学界ではメジャーな話題であり、論文の「五〇周年記念号」を出して頂けるエヴェレという人はさぞかし大学者であったのだろう、と思うと大違いである。その一方で、五〇年もの間ゴソゴソ蠢いていたものが、今頃になってカバー・ストーリに登場したことには明確な背景がある。それは近年における、量子計算、量子暗号、量子通信といった研究が、物理学の中心とは離れたところで、活況を呈していることである。アインシュタインが問い詰めた量子力学の実在に応えようとした試みの一つがエヴェレの「多世界」論なのである。

『ネーチャー』のスタンス

それにしても「これがネーチャーの表紙か？」と見紛うようなオドロオドロした図柄はどうしてだろう？　これこそが「アインシュタインを巡るねじれ」「八〇年経ってもすっきりしない空論？・」「取り付かれたら物理学者としてのキャリアーを危険にするあぶない魅惑」「エヴェレはこの論文のあと直ぐ国防省でミサイル管制のシステムをつくり、その後はベンチャーでそれなりに儲けたといった、余りにも優等生的でない経歴」などなど、この話題を巡るいかがわしい過去のイメージがあるからなのである。エヴェレの来歴を知ると権威と化している『ネーチャー』としては手放しでお墨付きを与えることには躊躇を感じるのだろう。しかし、「多世界」を平気で語る研究領域が活況を呈している現実を取り上げる進取の気風を示すことも大事である。この「ねじれ」の表現があの漫画をもたらしたと筆者はみる。

〝いかがわしい過去〟とは、量子力学の本家を自認する物理学「本流」での扱われ方を引きずっている。蠱惑《こわく》的なテーマではあるが、「五〇年前」の物理学の「本流」からは冷たくあしらわれ、キャリアに響くようなあぶないテーマ。その後も大半の物理学者にとっては〝不在の〟研究テーマであった。語る規範のない〝おどろおどろした〟印象の歴史話。その一方、「本流」の研究者は量子力学を語る資格のあるのは自分達であると自認している。量子力学を駆使して「物理学の世紀」を引っ張った実績には、そうした誇りを持つ根拠がある。だから、その量子力学が他人に勝手に扱われるのにはムッと来るわけだ。まして今回の〝うごめき〟は物理学「本家」から離れたところに起こっている。「御本家」をなんとなく不機嫌にさせている話題の扱いは、確かに厄介だろう。幸いに、昨今の「御本家」の人間は『ネーチャー』なんぞを通じて科学を見ていないから、まあ安全であるとも言える。

量子情報のアインシュタイン

量子計算、量子暗号、量子通信といった研究（まとめて量子情報）でのキーワードは「エンタングルメント（絡み合い：entanglement）」である。これは第一章で述べたようにアインシュタインたちの一九三五年のＥＰＲ論文に由来する概念で、シュレーディンガーの命名である。彼らはその論文で情報が瞬時に伝わるように見える思考実験を一つの「パラドックス」として提起し、「波動関数による実在の記述は完全か？」と、量子力学そのものの不完全性を主張したのであった。一九八〇年代初頭にはレーザーなどのハイテク技術の進歩で実験で決着がつき、アインシュタインの期待に反し「一九二七年版量子力学には内部矛盾はなく改善は不必要」という実験結果が得られた。ＥＰＲの主張は「これではこんな信じられない不思議を認めねばならなくなるよ」という警告であったが、その後の経過は、「理論はあれで完成品」と結論付けたのである。「自然は不思議を受け入れよと言ってる」となったのである。

一方、技術開発のマインドでいうと、不思議だからといって使えるものを使わない手はない。「不思議なものは制御して利用すべし」となる。こうして物理学の本流でないところで量子情報の研究が活況を呈しているのである。勿論、物理学「本流」が築いた原子世界を制御・加工するハイテクの出現によって「不思議を制御する」ハードウェアが現実味を帯びてきたことも背景にある。しかし、そこでの量子力学の扱われ方は、従来の物理学の量子力学を見る〝精神〟と整合的ではない。むしろ物質科学以外でも量子力学的枠組みが機能するのだという〝もう一つの量子力学〟をみる思いがする。しかし少なくとも波動関数を用いる数理的枠組みは同じでありその点では同一理論ともいえる。ともかくそこでの使用法の実態を見ることは「本家」物理学者の牢固な量子力学イメージを革新していく上で、参考になると筆者は考える。

異端の列伝

量子情報の研究者に聞くと、彼らにとってEPRはアインシュタインのネガティブなシンボルでなく、エンタングルメントを提唱して新分野を興した創業者的論文と位置づけられている様である。近年、学術研究の世界では、ある論文が他の論文に何件引用されているかという「サイテーション・インデックス」(論文引用度)という指数が研究者の生殺与奪の権力になっている。アインシュタインの論文で最高の引用はEPR論文であるという。もちろん、彼の他の論文は学問の体系に遥か以前に組み込まれており誰もいちいち引用しないからなのだが、だからこそ逆に、七〇年も前のEPR論文が最近わざわざ引用されることの中に、量子力学の魔性を嗅ぎ取ることが出来るのだ。何れにせよサイテーション・インデックス的に言うと、アインシュタインはEPRで量子情報の学問を作った人となる。アインシュタインといえば相対論であり、光子でのハイテクの父である、と言ってきたが、もう一つ、量子情報の創業者のイメージをかぶせる必要があるようだ。

量子力学で異端の筆頭はもちろんアインシュタインとシュレーディンガーである。しかし彼らは他の業績ですでに巨頭であったから、どの分野でもまったく無名のエヴェレのような人物を同じ異端ものとして一緒に括るのは躊躇される程である。たしかに創造時は、一般の研究者は創業者の発言に聞き入るだけだったが、第二次大戦後になると「積み残された」問題を自分で穿り出す人々が現れ、そこに引き込まれた〝迷い人〟は大勢いたに違いない。彼らにとって運の悪いことに、そもそも〝それでは名を残せない〟のがこの「積み残された」課題の定義なのだから大半の人は埋もれてしまった。こういう「反主流」の歴史に正史があるはずはない。筆者流の幾人かの奇人列伝を記しておこう。

「不可分の宇宙」——ボーム

一九五一年発行のデービッド・ボームの『量子論』の翻訳が日本で出版されたのは、筆者がちょうど量子力学を学び始めた頃である。数式だけでなく文章による説明が丁寧なこの教科書に魅せられたものである。この本の執筆直後、彼は、一九五〇年代初めのアメリカに吹き荒れていた反共マッカーシイズムで共産主義者の烙印が押され、プリンストン大学を追われて、ブラジルに〝亡命〟する逆境にあった。「序」ではこの教科書はバークレイでのオッペンハイマーの講義がもとだと述べている。オッペンハイマーは量子力学誕生直後のヨーロッパに留学し、特にボルンのもとで研究し、帰国してアメリカへ量子力学を伝えた。原爆の父として戦後の核政策の中枢にあったオッペンハイマーだが、水爆開発での意見対立を発端に、彼を政府内から放逐する攻撃が始まっていた。その中で、バークレイ時代、オッペンハイマーが左翼活動家とのつき合っていたことが暴かれ、当時バークレーで学生だったボームの左翼活動が蒸し返されたのである。ブラジル、イスラエルを経て一九五二年に英国のブリストル大学に落ち着き、そこから「解釈問題」を創業者の手から常人の物理学者の研究課題に衣換えする努力をした。プラズマ物理でのボーム-パインズ理論、イスラエル時代のアハーラノフ-ボーム効果など、「解釈問題」以外でも物理学に重要な貢献をしている。

ボームの教科書では古典物理と量子力学の違いとして次の3点が挙げられている。それらは〝非連続〟、〝確率〟、それに〝物理的要素が、変わらない内在的な性質をもつという考えを捨てること〟である。そして

「量子論の概念によれば、世界はむしろ単一不可分の一体としてふるまい、そこでは各部分の〝内在的な〟性質すらもある程度そのまわりの環境に依存する、ということになる。しかしながら、世界の諸部分が不可分な一体をなしているということが目立った効果をつくりだすのは、微視的な段階に於いてのみであった。巨視的な段階に於いては、各部分は非常に高い近似で、あたかも完全に個別の存在であるかのようにふるまうのである(1)」

という彼の見通しを述べている。

このボームの教科書には観測問題が一章を設けて議論されており、そこでのEPR議論の再定式化

はエンタグルメント概念が浮上する戦後の量子力学論議の出発点になった。こうした解釈問題での全般的な影響力と並んで、ボームは彼独自の新理論を提出した。数理的には、古典力学のハミルトン・ヤコビ方程式に確率密度で与えられるポテンシャルを追加するものであり、新たな物理的存在を追加して古典的実在像を維持しようとする試みである。しかしこの形式は解ける問題が限られるという欠点があり広がりを見せなかった。ただこの観点を推し進めると、彼が教科書で述べたように〝世界が不可分の一体〟であるという主張に至る。晩年の彼はこの〝不可分の宇宙（undivided universe）〟を東洋思想まで動員したホーリステックなコスモロジーの提唱者となっていった(2)。

「多世界」――エヴェレ

ブラックホールの命名者として知られているジョン・ホイラーは、量子力学問題を語る際にも欠かせない人物である。コペンハーゲン解釈誕生間もない時期にボーアの元に留学して、量子力学と核物理をアメリカに移入した一人である。同輩のボームをプリンストン大に迎えたのも彼だったし、ファインマンの指導教官として、彼の経路積分という量子力学の新形式の創造を助けた。彼のもとから数多くの大物理学者巣立ったことで有名である。

1955年、プリンストン大学を訪問したボーア（中央）と大学院生のエヴェレ（ボーアの右）。章末のエヴェレの伝記参照。

冒頭の『ネーチャー』の一件で登場したエヴェレも、実はホイラー絡みなのである。当時、ホイラーは一般相対論の量子力学というものを構想していた。その頃大学院生だったエヴェレはこういう議論に刺激されて「観測者不在の物理系の量子力学」という問題を考えた。確かに宇宙はそれですべてだから「その外に」観測者はいない。これが「多世界」解釈論文である。学位論文である公表論文の題目は大人しいものだった[3]。中を読んでも相当に深読みをしなければ決して「驚天動地のスーパーサイエンス物語」には思えない。

　量子力学的に振舞うミクロ対象を観測するとは、その情報がマクロの系（古典系）に映されることである。このミクロとマクロの二重構造をつなぐのが「観測問題」である。量子状態は古典的には同一でない幾つもの状態の重なった状態を想定する。したがってミクロの重なりがマクロの重なりに感染する。シュレーディンガーの猫で「生死の重なり」と言われたことである。また箱内が宇宙なら箱を開けて覗く人もいない。このマクロの重なりをどう考えるかが問題になるが、エヴェレは「重なっているマクロ状態はすべて実在であり、その多世界の各々に観測者がいる」と考えたのである。何を測るかに応じて重なり方も違う。だから、測定の度ごとに無数の可能な多世界に分岐を繰り返していく、ということになる。「多世界」が重なって、しかも絶えず分岐しつつ増殖している。互いに接触はできないという意味で「他世界」なので物理学上は影響ないが、こういう世界像は放縦で過剰な存在論である。外からの観測によって一つの世界に収縮するとして重なった他の多世界を一気に掃除してくれる、コペンハーゲン解釈の節度をもった存在論が懐かしくなる。

この「驚天動地」のアイデアの内容をひた隠しにして、この博士論文を支障なく物理学科の審査会で通し、レフェリーを経ず雑誌に掲載する、こうしたホイラーが払った涙ぐましい努力が科学史の一こまとして語られるようになった。これも学界で多世界解釈が浮上した余波である。そうでなければ劣等大学院生に学位を与えて放り出す手練手管などどうでもいいはずである。論文掲載に加担したデュ・ウィットは一九七三年になって分厚いエヴェレの学位論文を含む解釈問題の論文を集めた単行本を編集、出版し、この本の標題としてはじめて「多世界」という言葉が登場した。(4) その頃エヴェレは完全に物理学を離れていたからネーミングもデュ・ウィットによるものであり、その後ポピュラーサイエンス本に登場する段になって並行宇宙（parallel world）という名も登場した。

ホイラーが言うように「エヴェレは数学や物理の学科には行かずにペンタゴンに行った。並行宇宙よりは実際的な問題に彼の才能を発揮した。数年後、彼にペンタゴンの中を案内してもらったことがあったが、殆どすべてのコンピュータプログラムを彼が新しく書き換えてしまっていることを知った」[5]。解釈理論の中身もさることながら、彼の専門家としてのキャリアーも日本人からみると奇怪なものである。エヴェレの小伝記を本章末のコラムに記しておく。ペンタゴンの後にベンチャーなどもやったが、煙草の吸い過ぎで一九八二年に心臓病で他界した。まだ五二歳だった。

「遅れた選択干渉実験」——ホイラー

ホイラーとは筆者もいろいろな接触があったので亡くなれた時には追悼文を書かせて頂いた[6]。ここではホイラーの数ある量子力学論議の一つだけを述べておく。二重スリット実験での干渉性を得るには「どちらのスリットを通過したか?」を調べる画策をしないことであった。逆にいうと光子は〝調べる画策〟をしているか? いないか?を調べあげたうえで、スクリーン上での出方を決めている。観測「される側」が「する側」を観測しているような構図になる。ところが実は干渉の出方は実験装置というよりもデータの解析で決まるのである。この事情をホイラーは「どちらの観測をするかは遅れて選択してもいい」という表現で示した。

彼の問題提起はレーザー技術を駆使して、現在は、実験で実証されている。例えば76頁の「実験A」を考えてみよう。ここではマッハ-ツェンダー型干渉計を使った実験を光子一個ずつ行う[8]。一個の光子の経路が半透明鏡のビームスプリッター BS_{input} で二手に分かれるが最後の出口でもう一度半透明鏡 BS_{output} を通すと〝どっちの経路〟の情報はなくなる。ところが出口の BS_{output} を取り除けば、この実験装置は〝どの経路？〟を決める実験装置に変わる。すると最初の BS_{input} 通過時で経路はすでに決していたのではないかと考えたくなる。ところが現在の実験技術では BS_{input} を通過した後で BS_{output} を置くかどうかの「遅れた選択」をすることが出来る。例えば BS_{input} でどちらかに行ったのにも拘らず BS_{output} を到着直前挿入すれば経路に関する情報を〝消し去る〟ことに相当するので、「量子消しゴム」などと呼ばれることもある。

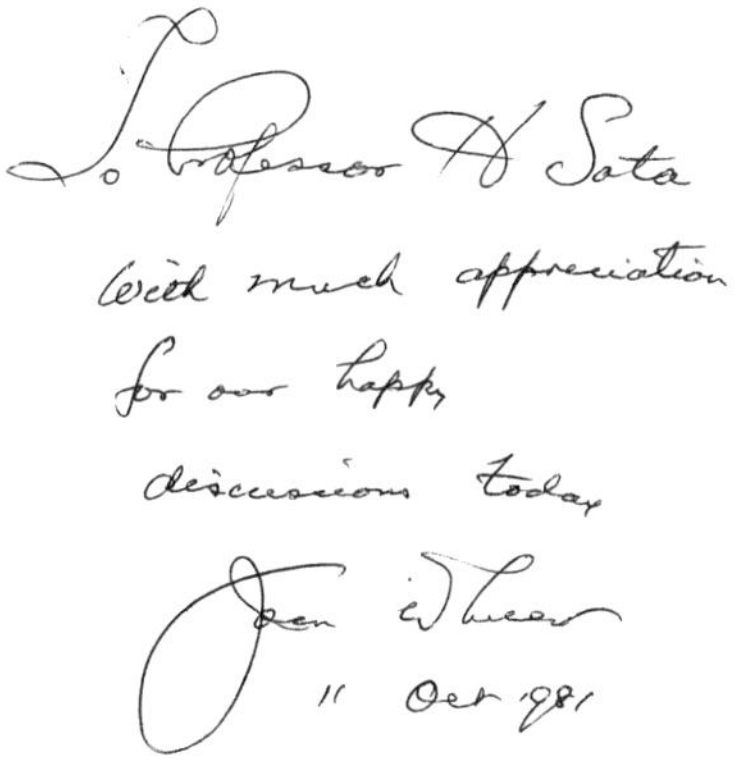
To Professor H Sato
With much appreciation
for our happy
discussions today
John Wheeler
11 Oct 1981
ホイラーは物理の概念を言い表す気の利いた述語や漫画で描くことに凝っていた。そしてそれらを小冊子にして議論をした相手に名刺代わりに渡していた。これは筆者が貰ったもの。彼による命名には「ブラックホール」、「歴史和」、「宇宙の波動関数」、「遅延選択」、など、図には第４章のU、第８章の参画者など、がある。

次に77頁の「実験B」を考えてみる。二重スリット干渉実験を〝何れのスリットか〟を確認できるデータD、確認できないデータD′、スクリーン上の光子データSという形で貯めておいて、データ解析段階でSとDのコインシデンスを取れば干渉縞はなく、SとD′のコインシデンスをとれば縞が現れる、といった実験がいまは可能であ

「実験A」

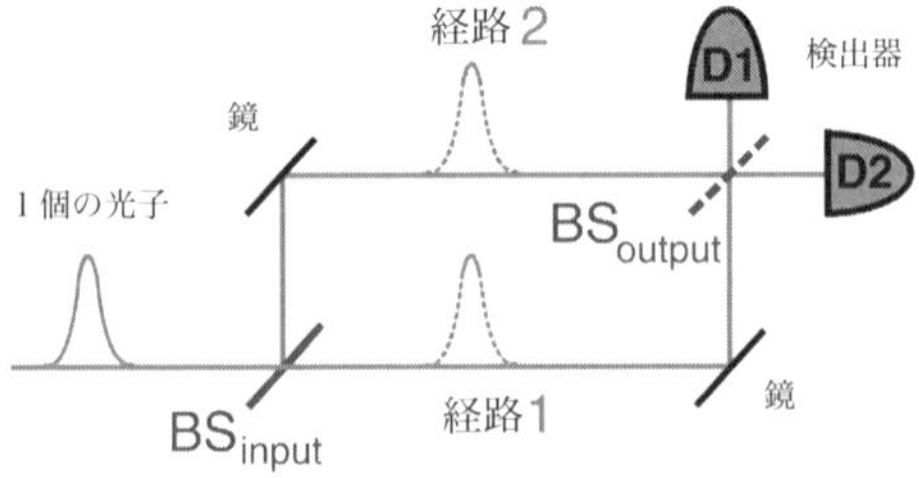

マッハ・ツェンダー干渉計によるに送れた選択実験

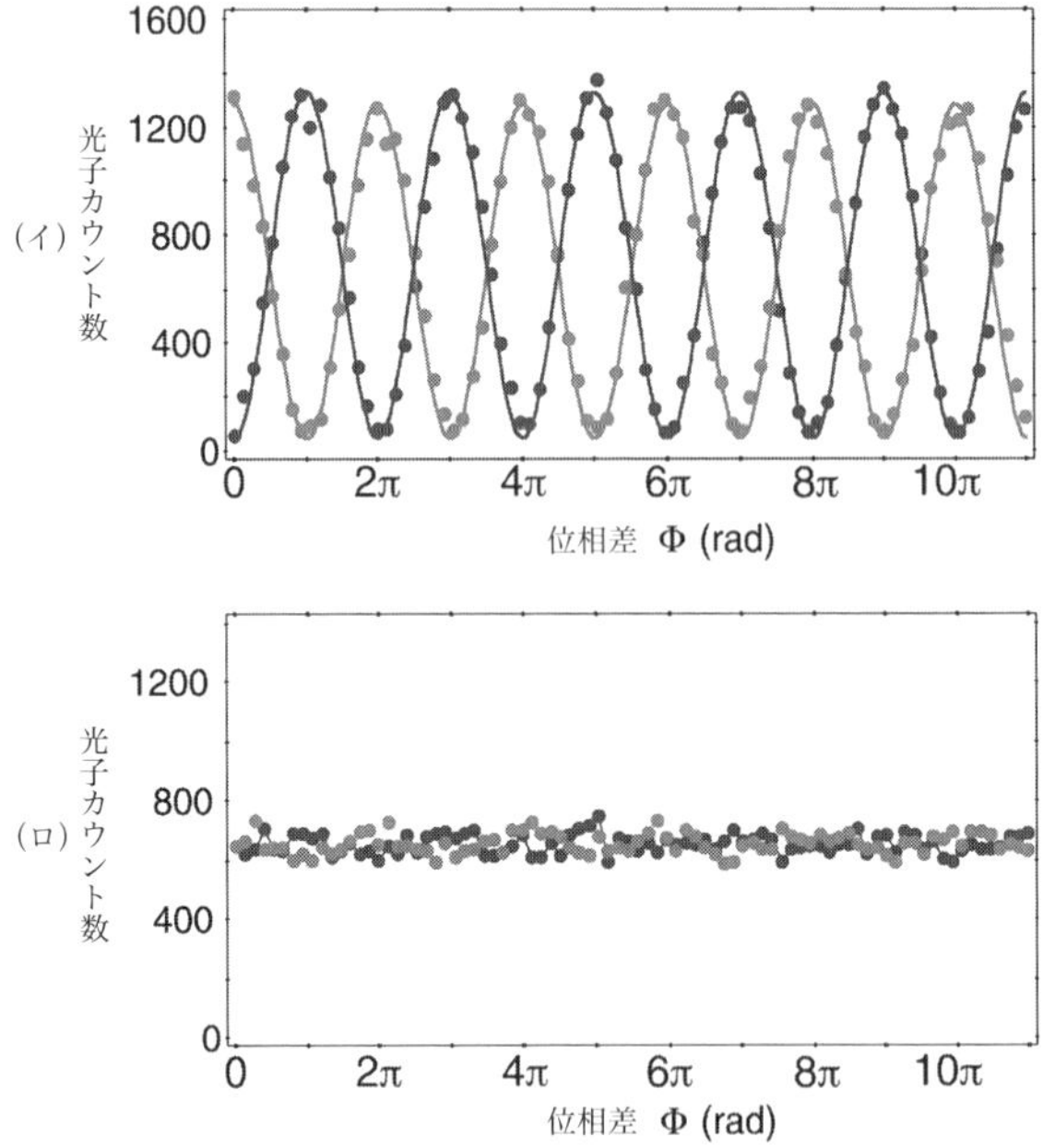

一個の光子の経路がビームスプリッターBS_{input}で二手に分けられ、経路1又は経路2を通過した後で検出される。経路1、経路2の長さは48m。経路1に位相変化の装置を挿入し、これによるさまざまな位相差Φに対応した実験結果が示されている。BS_{output}を挿入した検出結果(イ)では位相差に応じた干渉縞が観測される。BS_{output}を挿入しない場合の検出結果(ロ)位相差に関わらず両経路の通過がほぼ等確率であることを示すだけである。

(図は V. Jacques et al., Science 315, 966-968 (2007))

「実験B」

（イ）

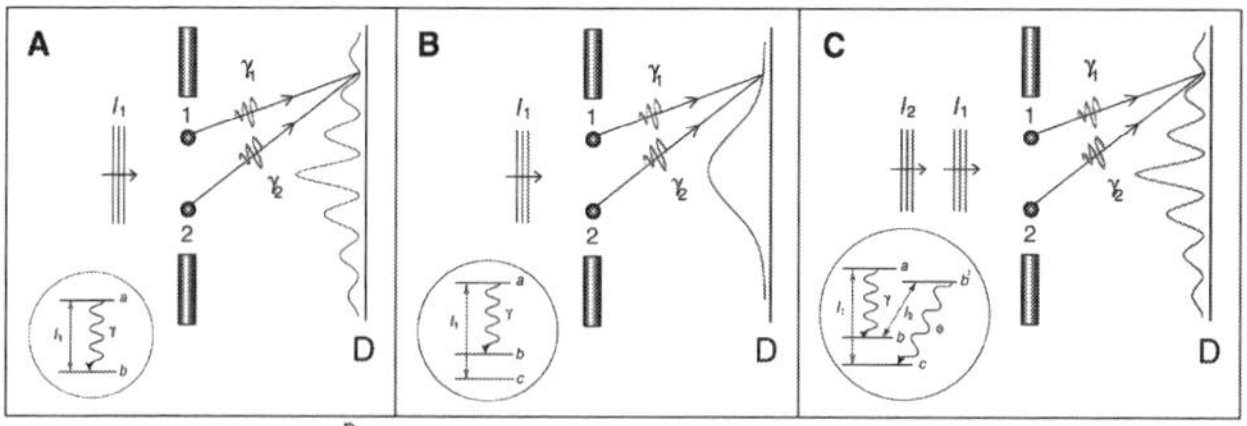

（ロ）

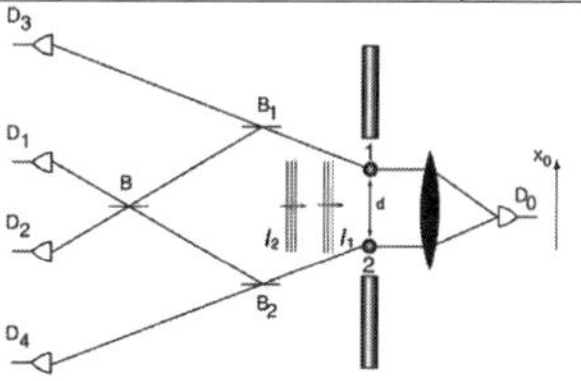

（ハ）

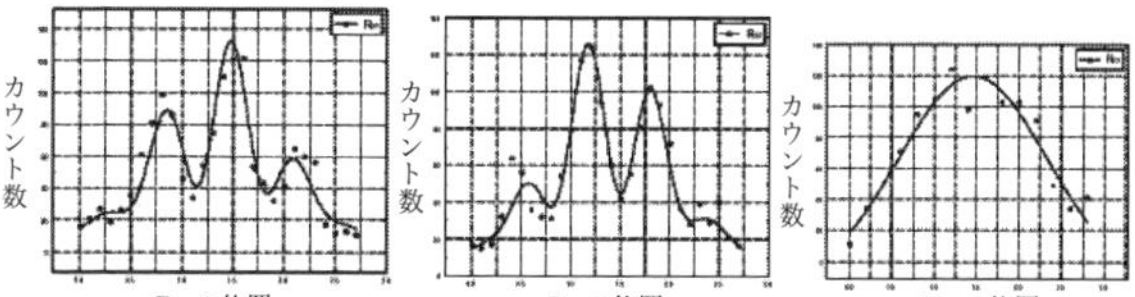

D_0の位置　D_0の位置　D_0の位置

(1) D_0とD_1の同時検出　(2) D_0とD_2の同時検出　(3) D_0とD_3の同時検出

“いずれのスリット”を識別できる実験。二重スリット干渉実験で“いずれのスリット”を識別できる実験が次のように可能になっている。（イ）のように“スリット”の代わりに二つの原子による散乱光の干渉をスクリーンD上で観測する。ケースAでは送り込まれたエネルギー I_1 の光子は原子１と原子２に同時に散乱されて干渉縞をDに描く。ケースBでは原子のレベルの構造上から放出光子は何れかの原子からの放出となるために干渉縞は現れない。何れかの原子に残存エネルギーという痕跡を残しているから“いずれのスリット”が定まる。ケースCではエネルギー I_1 の他にレベルbの証拠を消してしまう光子 I_2 を送って他のレベル b'を経由して最終的に基底レベルに戻す。すると干渉縞が現れる。I_2 光が量子消しゴムの役目をしている。

次に(ロ)の様な装置によって“量子消しゴム”の際に出た光子(b′レベルから基底レベルへの遷移の際の光子)を図の右側の方に書いてあるように原子１か原子２の何れからから出たかが分かる検出(D_3 と D_4)と分からない検出(D_1 と D_2)を行う。D_0 から D_4 までのデータ（ある時刻に光子が検出されたというデータ）を(ハ)のようにデータ処理した結果を示す。(1)は D_1 と同時検出された D_0 イヴェントの各 D_0 上の位置のカウント数である。D_1 は量子消しゴムの痕跡を突き止めないようにしてるので干渉縞が現れる。(2)では D_2 と同時検出の D_0 イヴェントである。Bでの通過と反射での位相差が D_1 の場合とで生じている。(3) は D_3 と同時検出された D_0 のイヴェントを D_0 上の位置のカウント数である。干渉は見られない。

本文中のスクリーン上のデータは D_0 に当たる。“何れのスリット”が確認できるデータDとはここでは D_3 と D_4 である。確認できないデータD′とは D_1 と D_2 である。

（図は Yoon-Ho Kim et al., Phys. Rev. Lett 84, 1-5（2000））

る[9]。まったくランダムな時刻にヒットしている現象（各検出器のヒット記録）そのものを「自然」と表現するなら、量子力学という理論の枠組みは混沌とした自然のなかにある秩序（相関）を探し出す（データ処理）ツールを与えていると云えるのである。たしかに入射波の吸収も放出も全ては確率でつながっているから、光子がヒットする時間そのものは完全な確率事象であって時刻はランダムである。しかしその中にもきちんとした秩序が隠されているのである。しかし秩序そのものは縞のように時空上に発現しているわけではない。

こうした実験を見る際に注意すべきは現在の干渉実験は二〇〇年前のヤングの実験とは根本的に違っていることである。かつての実験では、人間の目や写真がスクリーン上に縞模様という秩序を認めることであった。しかしこれは生データではなく時間的・空間的に粗い分解能で集積した（積分した）加工された情報である。近年の光電子倍増管という光子検出器では一個一個の光子到着の時間・空間データが記録できる。時間分解能のいい写真を取れば縞など見えず、数点が光っているだけであろう。干渉縞という現象がスクリーンに起こっているのではなく、「干渉縞」とはコンピュータ上の情報処理で立ち現れる秩序の認知なのである。

また、すでに得られているデータの解析の違いだけで「いずれのスリット？」をチェックする実験も、チェックしない実験も、同時になされている。差は実験装置の差のよるデータの差ではなく、全データの解析法の差である。要するにデータの見方の差である。物理的な結果は各検出器のヒットの仕方にあるのではなく、それらの間の相関にあるのである。物理屋にとっての「起こった、起こらない」という拘りが、情報屋にとっては「うまい見方」となり、物理屋が「客観的でない」と難ずると情報屋は「捨てるものは捨てて」となる。このグルグルとかみ合わない議論がどこで止まるかで、量子力学の「見え方」も違ってくる。

「隠れた変数」——ベル

ＥＰＲの提起した難問に答える試みは大きくいって二つある。一つは「収縮」の過程をもっとリアル（実在論的）に構築しようとするもの、もう一つは「隠れた変数」を追加することで未知の度合としての確率を解消する試みである。前者の試みにはボームのパイロット波、「非線形シュレーディンガー方程式」などがあるが、見るべき進展はない。それに対して一九五〇年代から六〇年代にかけて後者には大きな進展があった。それらは「グリーソンの定理」や「コッヘン－シュペッカーの定理」といったヒルベルト空間の数学的定理の証明と純粋に情報学的なベルの不等式の導出である。

量子力学はヒルベルト空間の「状態ベクトル」（波動関数）とそれに作用するオペレーター（物理変数）で与えられる。観測とはオペレータに「ある数字（観測値）」が割り当てられることである。同じ

アラン・アスペ（Alan Aspect 1947-）

状態ベクトルでも観測値はユニークでない。これを「測定的状況依存性（確率過程が介入）」と呼ぶ。そしてこの「依存性」をなくすには、変数を増やして「オペレータの関数の観測値」が「個々の変数の観測値の関数関係で計算される量」と一致するように出来るかどうかが考察された。可能なら測定状況依存性は避けられる。一回の観測で物理量間の関係の検証が可能になる。ところが3個以上の状態についてはこれが不可能であることが証明されたのである。これは「隠れた変数」の不可能性の証明といわれている[10]。

しかし、これらの結論は、現在の理論枠組みでは不可能であると言っているに過ぎない。そこで（ヒルベルト空間記述などに言及しない）もっとゆるい条件でもやはり隠れた変数が不可能かが問われる。そこでベルは量子力学の枠組みを一切用いないで、局所因果性を前提にすれば、ある相関関数について満たされるべき不等式を発見した。これが第1章に述べたベルの不等式である。そこには何の物理理論も使われていない。データの相関という情報学的議論である。

そしてこの相関を量子力学で計算するとこの不等式に従わないのである。ここで局所因果性とは相関は局所的についてその値を持って離れていくという仮定である。重要なのは離れていった先での測定の仕方によって変わったりしないということである。量子力学がこの局所因果性を満たさない様子

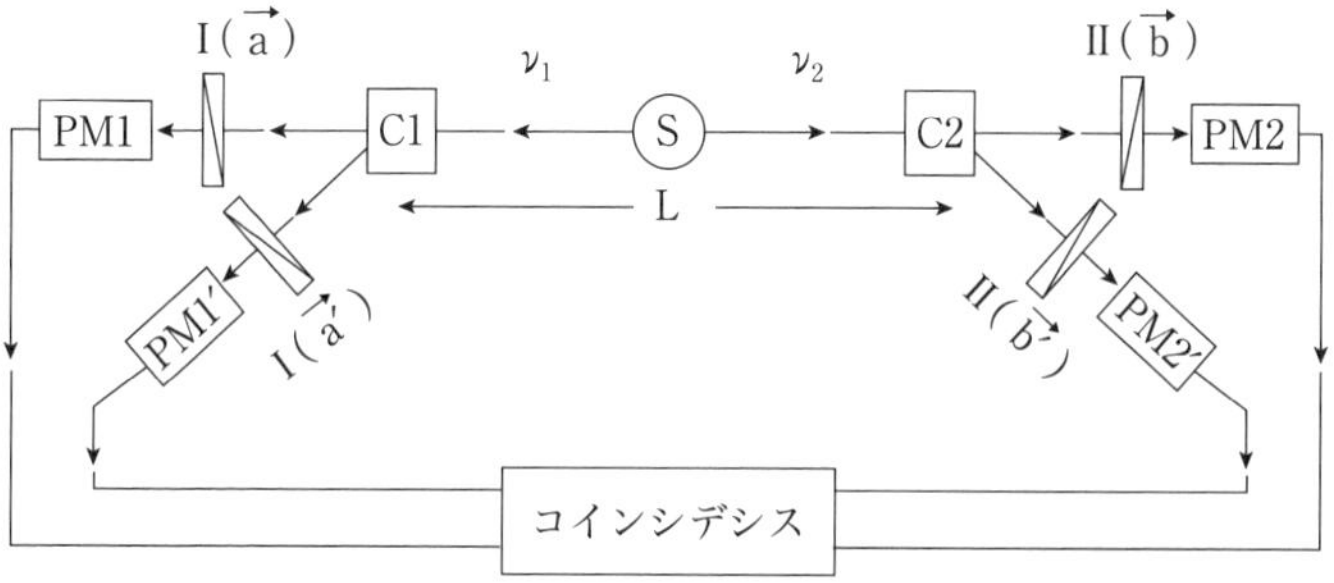

偏光状態が互いに絡み合った二つの光子をSで発生させて左右に導き、C1,C2の光学スイッチで二手に振り分ける。各々の角度の偏光版を通して検出器PMで光子を検出。コインシデンス（時刻の一致）をとることで四つの角度組み合わせのデータが得られる。

は前述の「遅延選択実験」が端的に示している。光子の偏光を用いたアスペ達の一連の実験によって一九八〇年代初めにはベルの不等式が満たされないことが明らかになった[11]。

　ベルはもともと、EPRパラドックスの解決策はアインシュタインの「隠れた変数」にあるという言説に魅せられてこの課題に取り組んだのであった。アインシュタイン自身は「隠れた変数」説はとらないと言っていたようだが、EPR解決の本命として一九五〇年代には広く流布していた。例えば『岩波理化学辞典』では「アインシュタイン－ポドロフスキー－ローゼンのパラドックス」と「ベルの不等式」の説明を上回る長さで、「隠れた変数」という大項目が設けられている。当時の雰囲気を書き留めている一例だ。

　ベル不等式不成立の実験的検証を一つのきっかけに量子情報研究が勃興し、ベルの評価が年々高まる中で、彼は、一九九〇年、六二歳の若さで急死した[12]。彼は加速器の担当から物理研究者になった「現代のファラディー」のような人である。本業をこなしつつ孤独に量子の魔性を問いかけたスタイルはその経歴にも由来する。物理学「本流」の多数の科学者でないところからこの重要な成果が飛び出したことも、量子力学の魔性である。[13] 彼の動機は実在論であり最後までそれを追ったが、そのあり方を標語的に示す「語れるものと語れないもの（speakable and unspeakable)」が彼の著作集の題名になっている。

古典と量子の切り替えへ——デコヒーレンス

苦し紛れに多世界解釈が出てきた事情はある意味で頷ける。重なった状態の一つが〝現実化〟したのはいいが、〝現実化〟しなかった他の可能性はどうなるのか？ 存在論的には、「波動関数の収縮」で他を消すコペンハーゲン解釈と「全部あり」とする多世界解釈は両極端をなす考え方である。浮かばれない水子の処理問題のようものである。「確率的に決まる」を「くじの束から一本引く」というイメージで言うと、残りくじをどう処分するか？である。そして多世界解釈とは、全部が対等の当りくじというものである。全部にいい顔するには世界が一つでは足りなくなったわけである。究極の情報蓄積世界だ。頭に浮かんだ妄想まで一切のものを存在に転写して保存するようなもので、なにやら〝捨てられない〟ゴミ屋敷の主人の性癖を思い起こさせる。

そんな桃源郷に逃避しないでこの「かけがいのない一つの世界」から脱出することなく量子効果を消し去って、ミクロ世界とマクロ世界の境界がそのつど現象として現実に決まるとなっていれば、悩みは解消する。「重なった状態」といった量子力学的にものごとが進展するのは現実には瞬時である。したがって思い悩む必要ない、と。量子効果が文字どうり作動するには「重なった」状態の間に干渉性が保たれていなければならない。この可干渉性を「コヒーレント」と物理では表現する。しかし現実には外部からそれが乱されて、その性質を失うことをデコヒーレンスという。そういう目で現実をみれば、確かに純粋の量子系が宙に浮いていることはめったにない。注目する系には必ず無限自由度の環境系が接している。それの注目系への影響を無視して純粋系の量子効果がそこで作動してると思うのは現実では間違いである。環境系によってデコヒーレント状態にすぐ変わり古典的に振舞っているのかも知れない。

この「説得」は確かに量子的に振舞う系が環境系と一体化されたときに古典的に振る舞うことの根拠を説明している。この説明はちょうど気体分子論と熱力学の矛盾を「記述レベル」の変更で棲み分ける手法と似ている。しかし「記述レベル」の階層性にもかかわらず、要素自体が原理的に不思議な振る舞いをすること自体の解消にはつながらない。ここにはメタ理論が介入してくる。科学では記述法が問題なのであって「根本は？」に目を向けることには意味がないと言って切り捨てればしまいだが、そうでないと何時までも「根本病」からは抜けられない。どこで記述を切り替えるかを決める理論を内蔵していることを明らかにしたのがデコヒーレンス派の功績である。レジェット、ズーレック、などの思惑はいろいろだが客観的にはこういう評価ができよう(14)。

古典的存在論——無撞着歴史(15)(16)

「重なった状態」の状態ベクトル（波動関数）の記述レベルと「観測値の連続」としての古典記述のレベルの関係を、「環境」を持ち込むことなく、観測の連続で置き換えて考えるのが「無撞着（consistent）歴史」「デコーヒレント歴史」「無撞着理論」などと呼ばれる試みである。グリフイン、オムネス、ハートル、ゲルマンらが言っている。

この動機は一つに絞れない。まず「観測」はデコヒーレンス派のような客観主義でなく「情報取得者」の行為と見る点でハイゼンベルグ・ボーアに戻る。ただし継続した観測（「歴史」）を考えるので、観測を量子的時間発展の終末というより「継続した状態のリセッティング」とみなす。観測は「新しい量子的発展」の出発点なのである。ただ観測がその前後のコヒーレンスをカットする意味ではデコヒーレンスを持ち込む。

「量子状態の破壊」的な一回観測のイメージを複数回連続観測に拡張しただけなら特別な主張を持ち込んでいない。次に登場するのが「論理」ルールへの還元である。例えば物理学は「ある物理変数はいくらであるか？」という問いに応える理論であるべきだと考えてられている。。「論理」に変えるとはこれをやめて全てを真偽（イエス、ノー）の応答に変えることである。これはちょうど「速度はいくらか？」という計算問題を、センター入試方式で「速度は2、3、5、7のうちどちらか？」というように、選択肢を並べて各々の真偽を問う問題に変換することである。（選択するが「真」、他は「偽」）

こうして物理問題を論理問題にまず置き換える。しかし持ってもいない性質を問われたときの応答は真でも偽でもない。すると量子状態は真偽を応答できる状態とできない状態、あるいは逆に真偽を応答できる「問いかけは何か」、さらにいろんな論理法則・論理演算が成り立つ状態と成り立たない状態、といった、論理の立場から整理できてくる。もちろん、複数の問いかけ（複数の変数）の応答が論理規則に合致しない事態は始終おこる。かつてバーコフやフォンノイマンが量子論理規則を作ろうとした意図もここにあったわけであるが成功はしなかった。

「歴史」データと「論理」化のうえに「無撞着歴史」という概念が登場する。ゴリゴリの論理的定義は別にして大らかなイメージを言えば、「互いに排他的な「歴史」には確率法則が成立する」と言うものである。観測は「値を得る」操作ではなく、選択肢を用意して「真偽を聞く」操作（固有状態への射影）である。だから「歴史」は射影演算子の積で表わせる。異なった「歴史」には異なった積が対応する。「排他的」のみで区別される命題間の関係には多くの論理則が復活する。「一回観測」では、ある量子状態は確率的に複数の状態の何れかに「収縮」した。同じ系への時刻を変えた「多数回観測」（「歴史」）の任意のセットに確率を割り振る事は出来ない（確率の意味を持たない）。「確率を割り振れる」という基準を置けばそれに該当する「歴史は」選び抜かれてくる。それが「無撞着歴史」である。

人類の特殊性を炙り出す

「デコヒーレンス」や「無撞着歴史」といった一九八〇年代から活発になった研究は、それなりに数理的には明快な理論であり、解釈問題に閉じたものではない。これらの研究は一九九〇年代から活発になる量子情報の研究とは別の意図の流れである。デコヒーレンスの研究は実験技術の向上した主流の量子物理学全般に関係する広がりをもつ。そこでこの数理理論の枠組みをどうメタ理論に結び付けるかが問題である。ロバート・グリフィスは合理的歴史の〝語り〟べを、ジム・ハートルとマレー・ゲルマンは「情報取得者（ＩＧＵＳ）」を持ち込む。認識主体にとって「有用な」（確率を与える）

理論である、とした。「確定」から「確率」に緩和しているが、因果的秩序に関心があることに変わりはない。ローラン・オムネスは「量子力学は観測の理論である」(対象の理論でない)と言いたいのだと思う。シュビンガーの量子力学の教科書の副題「原子測定の象徴主義（Symbolism of Atomic Measurements)」もその臭いがする。[17]

これらの流れを大局的に総括するなら、ハイゼンベルグ-ボーアらの創造時の対応、すなわち「観測」を不可欠な要素として持ち込む、の復活である。確かに量子力学八〇年の歴史の流れをみると「観測」を特殊過程と見なす立場からそれを普通の物理過程へ解消して、「観測」という物理学にとっての異物を理論内部から排除する方向に進んだ。デコヒーレンスの研究はその流れにある。しかしミクロ世界とマクロ世界の理論には共通言語はなく、量子力学はミクロをマクロに翻訳する理論なのではないか？　その意味で「観測」はキーワードとして再登場していると筆者は考える。マクロ世界とは客観主義的に言っているのではなく人類の認知能力（五感と脳での認知）の世界という意味である。間主観主義というのもこれに当たる。この翻訳理論が異様に見えるのは人類の立場と対象の相対的関係が異様だからである。その意味で「量子力学は人類の特殊性を炙り出している」といえる。

さて、こうした奇人たちの列伝と、今をときめく『ネーチャー』誌のカバーストーリーになる現在の活況とがどう繋がっているのか？　その話しは第五章で取りあげることとする。その前に、次の第四章では量子力学理論の構成、その古典理力学との関連などについて説明する。扱う対象ではなく数理的な理論の話しなので少し抽象的で難しいことになるが、大筋が分かっていただければ後の話しを理解してもらうには支障はない。

コラム02 *column*

ヒュー・エヴェレ (Hugh Everett 1930. 11. 11–1982. 6. 19)

エヴェレは物理学者としてのキャリアを歩まず、また「多世界」解釈が現在のように多く語られる以前に病死したので、その人物像はあまり知られていない。ここにその一端を紹介しておく。ホイラーの自伝と http://space. mit. edu/home/tegmark/everett/everett. html の情報による。

エヴェレはワシントンDCに生れ、大学院生時代の三年ほどプリンストンで過ごした外は、ほとんどこの地域で一生を送った。父は高校出でライフル競技で優勝するような人で、ずーっと職業軍人であった。母親は当時は珍しい大学出であったが祖母との折り合いが悪く、彼の出生後二〜三年で離婚したので義母に育てられた。離婚した母はDC地域の新聞や雑誌のコラムニストとして生きた人であったが、彼は彼女の死後に遺作集を編纂・出版しており、この生母を誇りに思っていたようである。

家庭にも親戚にもその雰囲気はなかったが、彼は幼少期か

ヒュー・エベレ

ら知的関心の強い子で一二歳の時にアインシュタインに手紙をだして返事を貰っている。大学は地元のアメリカ・カソリック大学に進み、化学工業を勉強した。ここで数学、理論物理を知り、さらに勉強しようとNSFの給費生に応募し、プリンストン大学数学科の大学院でゲーム理論の軍事応用を研究するという条件で採択になった。化学工業といっても彼が勉強したのは化学プラントのシステム論のことであったから自然な配属である。学資を出せる家庭環境でなかったので、自分の興味に従った進学でなかった。国の人材育成のプログラムに応募し、大学も課題も割り振られたわけである。

こうして最高学府プリンストン大の英才たちの真っただ中で一九五三―五六年期を過ごした。親友となった中には理論物理学で有名になるミスナーやトロッターがいた。一九五五年春にはボーアがしばらくプリンストンに滞在し、ボーアと彼らが談笑している写真が当時の新聞をかざったこともあった。宗教的情熱で量子力学解釈問題を研究している若いボーアの助手とも交わった。また院生たちの風評で、ホイラーをスパーヴァイザーにするとPhDが早く取れるという評判も聞いた。そこで毎年の一般試験でいい成績をとって、三年目には自分の希望が認められて首尾よくホイラーのもとでPhDを目指すことになった。

ホイラーに年度内に論文を出せとせかされて一九五六年の一月には Theory of the Universal wave function という一三七頁の大原稿を仕上げた。またこの年の四月頃からペンタゴンのWSEG (Weapon System Evaluation Group) という国防分析研究所傘下の仕事に勧誘され、コアメンバーとして参加し、活動を始めている。ホイラーはペンタゴンのアドバイザーとして深く関与していたから、彼に勧誘が来たのもホイラーの推挙によるものだった。国防省は、全米から優秀な若い科学者を高給で集めていたのである。

この年の九月には大学院の最終試験にも合格し、論文審査を待つだけとなった。ところがこの年の前半はホイラーがヨーロッパに滞在してプリンストンを留守にしたので、一九五七年一月からホイラーによるPhD論文の手直しがはじまった。ホイラーは、自分が当惑するぐらいだから審査会の他の教授連中はもっと当惑して審査が通らない危険性を予感した。また普通に雑誌に投稿しても、レフェリーともめて素早くはパスしない危険性も感じた。そこで内容を〝刺激的でない〟ものに刈り込んで、レフェリーを通さずに雑誌に掲載する方策をとった。RMP（Rev. Mod. Phys.）に出ることになっている一般相対論のワークショップの報告論文集に潜り込ませたのである。エヴェレはその会議には出席してないが、ホイラーがエヴェレの論文に言及する自分の短い論文を書いて抱き合わせで出版されるようにした。ワークショップの主催者を抱き込まないとこんな違法はできないが、主催者デュ・ウイットは中身に惚れこんでこの〝企み〟に手を貸した。学位論文は三〇頁ほどに縮められ、雑誌掲載論文の標題も刺激でないものに刈り込まれた。ホイラーの予防策が効を奏して四月には大学の審査過程でも波風は立たず無事に通過し、七月には論文掲載の雑誌も発行された。

これで一件落着となったが、逆に反響は全然なかった。エヴェレは内容の革新性に自信があったのでこれには落胆した。一九五九年春、ホイラーのすすめでエヴェレはボーアをコペンハーゲンに訪問した。数週間の滞在であったが七五歳と老齢のボーアはエヴェレの期待に反して彼の仕事には何のコメントもしなかった。エヴェレは〝これまで〟と思い、既に足を踏み入れていたペンタゴンで〝数学者〟としての仕事に没頭し、そこで実力を発揮していった。

コペンハーゲンへの旅行中にひらめいたアイデアが彼のもう一つの業績らしい。キーワード的に言うと「巡回セールスマン問題」などで問題となる、組み合わせ最適化、離散的な未定定数法での最適化、といった応用数学の課題である。戦時作戦で問題となる、二つ以上の事象での最適化、といったオペレーション・リサーチ、ゲーム理論、などの課題である。この研究は一九六三年頃に学術雑誌に発表されたが、その後に盛んになった分野であり多くの研究に埋もれてしまったという。

一九六五年、ペンタゴンの外郭として出来た研究機関の長としてペンタゴンからは出てきた。この組織はすぐに「ラムダ」というベンチャー企業になり、彼はその社長を一九七三年まで務め、それから病死するまでDBSという会社の共同オーナーをやっていた。彼は経営にはあまり向かず「数学者」と呼ばれていたらしい。全米マネージメント協会（AMS）の副会長をやっているような業界人でもあった。はじめは軍関係の仕事が主であったようだが、コンピュータ時代になって民間の仕事をやるようになったが、過当競争もあって巨額な儲けをしたわけではなさそうである。

「多世界」論文が一向に注目されないのに業を煮やしたデュ・ウイットは一九七〇年にPhysics Todayに書いた量子力学解釈問題の概説でエベレの紹介をした。続いて一九七三年にエヴェレの一九五六年の大論文と「量子力学解釈」の他の古典論文を含む論文集をデ・ウイットとグラハム編「The Many-World Interpretation of Quantum Mechanics」として出版した。この標題にデュ・ウイットの造語で「多世界」が登場し、まもなく「パラレル宇宙」がポピュラー本で広まった。エヴェレは未発表論文を提供しただけだった。ちなみに、ホイラーはこの命名にも大胆な行動にも賛成でなかった。晩年の自伝でも「相対状態形式」という学位論文の呼び名がよいと言っている。

この本の出版が転機で「多世界」解釈は科学者の間でも、SF的にも、ポピュラーになっていった。エヴェレの身辺にもその波が感じることが出来るようになったのは一九七〇年代後半になってからだった。一九七六年、六五歳になったホイラーはテキサス大に新研究室をつくるためにプリンストンからオースチンに移った。翌年春、エヴェレはホイラーとデュ・ウイットが主宰する「人間の認知とコンピュータの認知」の会に出て講演して欲しいと招待された。久しぶりのアカデミックな会への招待であった。彼は四時間の大講演をした。デュ・ウイットはランチタイムに、オックスフォード大出身でホイラーの大学院生になっていたドイチェを紹介した。ドイチェは後に、「解釈問題」から長くはなれているエヴェレが自分とも生き生きと議論してくれるのに驚いたという印象を語っている。

この機会以後、エヴェレ自身、アカデミックな世界に戻ることも考えたようだし、ホイラーもその可能性を他に打診したりしている。しかし間もなくヘビー・スモーカー（チエイン・スモーカー）の悪習がたたって健康を害し、その希望は実現しなかった。死亡したときにはまだ五二歳になる半年前である。写真をみると確かにその年にしては不健康そうな容貌である。毎日三箱は吸っていたという。

第4章……力学理論の構造――「起こる」か？「ある」か？

基礎概念の定義不在

量子力学理論創造の立役者として一九三二年にはハイゼンベルグが、翌三三年にシュレーディンガーとディラックがノーベル賞を受賞した。「三人男論文」のボルンが一九五四年までノーベル賞を待たされた理由には諸説あるが、最年少であるヨルダンには後のナチス支持行動が祟ったと見るのは正しいだろう。これら量子力学の創業者群像の中で、ディラックだけが何故か「解釈」論争に参加していない。[1] 一つの原因は創造劇の主舞台がコペンハーゲンを含めドイツ語圏にあったことである。英国ケンブリッジのディラックは地域的に例外である。彼の『量子力学』（一九三〇年初版）の透明でクールな数理的提示は、量子力学の魔性に魅かれてこれを手にした人を当惑させた。彼は状態ベクトルの呼称・表記として「ブラケット（括弧）」を二つに分割した「ブラ」ベクトル、「ケット」ベクトルを流行らせた。ここには（シュレーディンガーの描く）波動関数と状態ベクトルは違うと言う意図があったのであろうが、解釈問題への意見を求められると彼は「幾つかの導入部の章が欠けていることを除けば、自分の本はいい本だ」とはぐらかしたという。

確かに量子力学教科書での導入部や基礎概念の説明には定番がない。現在では、固体電子、レーザー、化学、原子核、素粒子、量子情報、などの応用別に教科書も分化しているから、「導入部や基礎概念の説明」は各々の領域を意識してやればいい。各々の分野での使われ方に即して独特の色がついた基礎概念が流通している。各研究界は大きくなって各々自己充足し、相互点検がないからその差は発覚しない。しかし互いに違った〝常識〟が流通しているのではないかと思う。これが魔性を脱色された現在の平穏無事な量子力学の姿である。

これは〝嘆かわしい〟ことではなく、応用する対象から独立した一般理論の性格である。筆者はよく「ニュートンにはニュートン力学が理解できない」と言っているが、量子力学に匹敵する一般理論であるニュートン力学＝古典力学の場合にも当てはまる。応用する対象が広がるに連れて、基礎概念の中身もどんどん拡大する。この後追い的に「拡大していく」包容力を備えた理論が一般理論の資格なのだと思う。そしてその拡大の芽は科学の進展に求めるべきであり、創業者に求めるべきではない。

ニュートン力学の「応用拡大」とは天体の三体問題、コマの運動、流体の運動、といった具合に適用の対象が広がるに連れて遭遇する難題を解決する新しい数理的手法が創造され、それが逆に当初の基礎概念のイメージを変容させたことを指す。一八世紀末から始まったニュートン力学の解析力学への数理的・理論的展開が、力学のイメージを変えた。そして二〇世紀初め、この解析力学を駆使する連中が前期量子論から量子力学の理論形成に主役を演じた。量子力学はこの解析力学的に抽象化された古典力学の性格を引き継いでいるのである。(ここで「数理的」と「理論的」は分けて論ずる必要もあるがここでは広く使っておく)

作用量子——非連続

「量子」とは、作用次元を持つ物理量はプランク定数hの整数倍でしか変化しないと言うことである。それ以上こまかく分けられない最小量がhである。次元［作用］をより馴染みのある次元で表すと［作用］＝［質量］×［速度］×［長さ］＝［運動量］×［長さ］＝［エネルギー］×［時間］である。国際度量衡のSI単位系では次元は［長さ］、［質量］、［時間］の組み合わせで定義されおり、これで表わせば作用は［質量］×［長さ］^{2}／［時間］である。

作用量は連続量ではなく飛び飛びの値しか取れない。例えば数を整数に限れば一二〇という量は一二〇個まで分解できるが、それ以上分解できない。このため変化を考える場合、例えば、二から三に変化するのは二から一気に三にジャンプしなければならない。それに対して実数なら無限小の増加分の実数が存在するから、無限個のそういう実数値を経由して、連続的に移行できる。すなわち無限回の微小なジャンプを繰り返した後に二からに三に到る。このように非連続「量」の導入は非連続「変化」に感染する。連続を旨とする古典力学は微分や積分の解析学の上に展開された。だから作用量子という「非連続」の登場は古典論とは根本的に相性が悪い。物理学では非連続の「量」を離散的、非連続的「変化」＝ジャンプを「遷移」と呼んだりする。

非連続量の間のジャンプの記述を確率記述に持っていったのは前期量子論時代のアインシュタインの一九一七年論文である。初め「2」である確率が一〇〇パーセントで時間が経つと「3」である確率が徐々に増えて一〇〇パーセントに近づく。ジャンプ自体は瞬時だが、何時飛ぶかは平均寿命でしか語れない。この平均寿命の考えは初め放射性元素の寿命としてラザフォードが導入していたのをアインシュタインが原子内準位の遷移に応用したのである。一九一七年論文でラザフォード論文を引用している。そして結局はこの考えが一九二七年版量子力学に取り込まれた。

小さい作用量

非連続変化なら微分方程式で書かれた古典法則が一挙に崩壊するかというと、そうではない。古典論は多くの場面で成功している。両者の関係は作用量子 $h/2\pi=6.6\times10^{-34}$Js が小さいことで理解される。この h はマクロの現象から見れば異常に〝小さい〟のである。このためにマクロな変化の間にある数多くの微細な「離散」無数のジャンプを塗りつぶして「連続」と見なしてよいのである。

作用量には「対象」と「プロセス」の両方が関与する。対象だけでなく状態が変化するプロセスの長さや時間も関係する。例えば原子モデルの電子運動を考えると「状態変化の長さ」とは次のように考える。電子の運動量はベクトルで方向を持つから円運動で半周すると（大きさは同じでも）p から $-p$ へ変化し、変化量は $2p$ である。一方この変化は長さは $2r$（r は半径）で起こる。したがって、この「プロセス」に伴う作用量の大きさは $4pr$ となる。これが h に比べて大きければ古典論、h に近くなると量子論である。量子論では〝回転軌道〟という概念自体が意味をなさないから、この量は軌道に意味のある古典論に赤信号がともる目安を与える。

質量粒子では古典論の条件は［長さ］×［質量］×［速度］$/h\gg1$ であった。ここで長さは「構造」を、質量は「対象」を、速度は「状態」を、決めている。構造とは例えば電子の運動を支配する電場や磁場の変化する長さである。質量は対象に帰属する量である。状態とは、その構造で対象がとる運動状態（エネルギーや運動量）である。こういう見方をすると、大雑把に、構造の長さが大きく、対象の質量が重く、速度が大きい、というのが古典論の条件であり、この逆が量子論への接近の目安となる。ミクロでは構造が小さく、対象が軽い。同じ原子的対象でも、電子が陽子・中性子より量子性に富むのは質量が千分の一も軽いからである。自明でないのは速度が小さい（すなわちエネルギーや運動量が小さいと）と量子性が現われることであろう。すなわち「静止」は量子ではあり得ないのである。多くの場合、量子性はマクロからミクロへの移行と連動しているが運動状態についてはそうではない。

このため、〝小さい作用量〟は原子「対象」に限られるものではなくなる。低温では固体や流体内の振動や波動現象といった協働運動にも量子性が現れる。一九〇七年のアインシュタインの比熱の量子論から始まって、フォノン（量子化された音波）と固体電子の作用は半導体工学をかたち作っている。また例えば超流動では連続体としてのマクロな挙動に量子性が現れる。こうしたマクロな量子性はボーズ-アインシュタイン凝縮、ジョセフソン効果などに拡大している。

古典と量子

水がH_2O分子粒子の巨大な集合体であることも事実だが、日常で接する水はあくまでも連続である。人間の直観だけを言っているのではなく、水の波などを数学で記述するには連続体とみなした数理モデルの方が優れている。しかし同時に花粉のブラウン運動では分子の集団だと言うモデルも必要である。こうした二重性の捉え方として「粒子（分子）集団の特殊な場合として連続体がある」と見るか「粒子集団と連続体は並列的に独自の存在根拠をもつ」と見るべきかは自明でない。

こういう場合には「各々の得意分野がある」という棲み分け論が登場する。しかし、量子論と古典論の関係は単純な「棲み分け」で処理すべきではない。量子論がより基本的で「古典論は量子論の特殊な場合に成り立つ近似である」という見方をするべきであろう。平等な〝棲み分け〟でなく〝上下関係〟があるといえる。この点、水の記述における粒子と連続体の見方という理論概念の位置関係とは異なる存在論的性格があることを忘れてはならない。

存在論的位置づけとは、世界の背後には原子世界があり、それ以外の存在、例えば精霊や鬼神、を背後世界にも許さないという党派的立場の表明であり、「棲み分け」否定である。時空的存在資格は既知の時間空間的存在と交流可能であることだ。現実の科学的営みに有効というわけではないが、こ

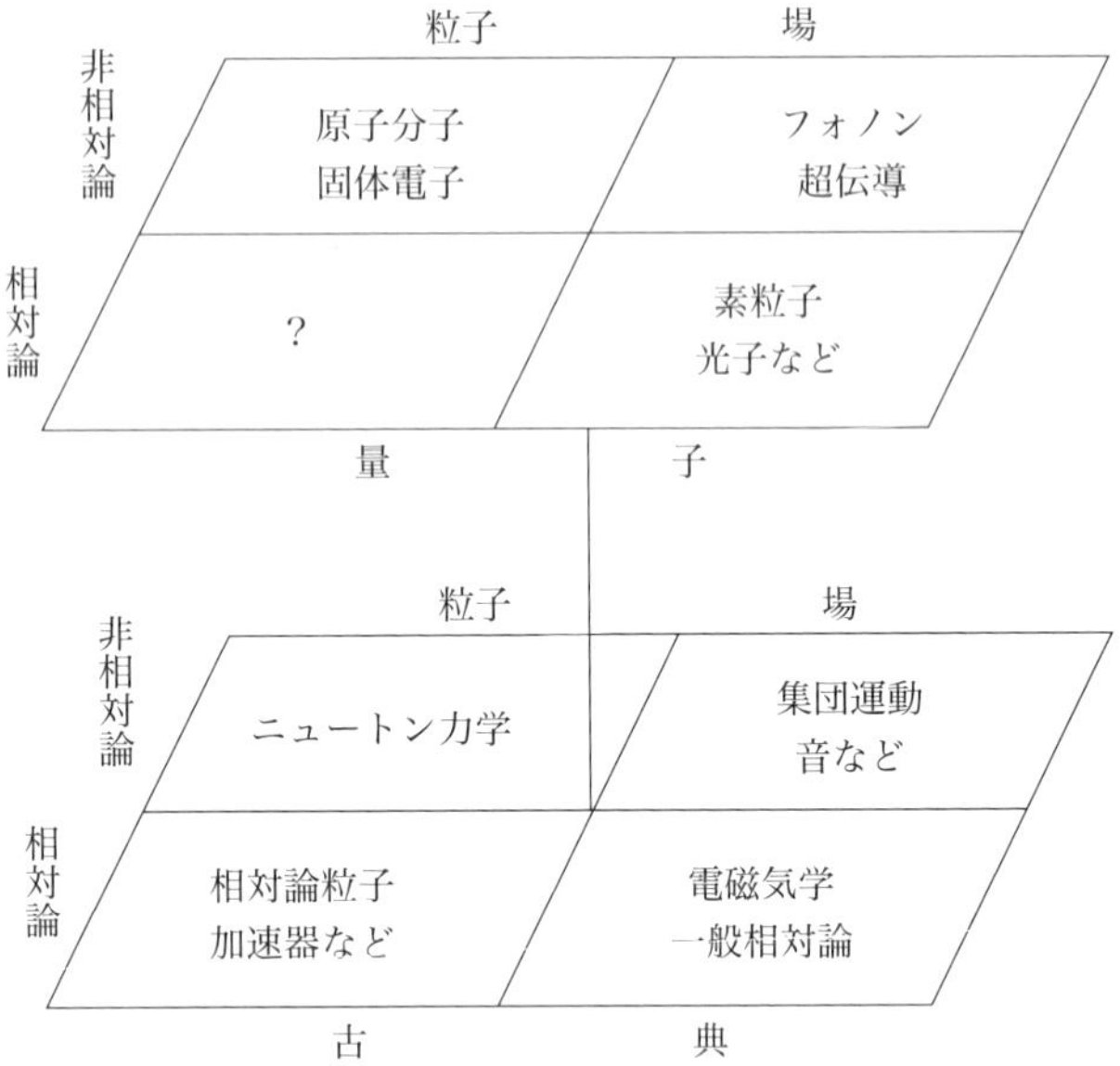

粒子—場、相対論—非相対論の全ての組み合わせに対して古典—量子（下と上）の対象がある

の呪文はこの党派の大前提である。そのためには生物も原子から成るという組成面だけでなく、古典力学の法則性が量子力学から演繹されることも示さねばならない。これは量子力学解釈問題の一つの重要な課題である。身分が上なら上なりに、古典の妥当性を量子から演繹し、古典を量子の一分野として位置づけなければならない。

この存在論的包摂関係にも拘らず認識の経緯は古典から量子へという逆方向をたどってきた。「古典」とは自然自体におけるカテゴリーではなく人間の身体性、感覚器と脳での情報処理、に由来するものである。したがって理論化の概念自体もこのデファクトスタンダードの経緯を外れて存在はしない。その意味では、存在論的には古典の根拠は量子にあるにしても、認識論的には量子の根拠は古典にあると言える。

古典論は人間の日常的世界像に近いと漠然と考えられているが、理論化された概念・言語はすでに日常的なものと同一ではない。地動説という理論概念も五〇〇年前と同じではないように、宗教や哲学や科学が何を語ることが要求されるかは時代の文化と密接に関係しており、その篩を経たものが後世に記憶される。

普通、ニュートン力学の勃興には存在論的根拠があるとし、それが数学と物理の違いだとも言われる。しかし解析力学の展開には物質世界の新知識が貢献したりはしていない。むしろ物理は天体の三体問題のような難題を力学に課し、そのことが解法手段をめぐって数理的進展を遂げ、ある時代の数学を引っ張ったことも事実である。それなのにこの抽象化された枠組みとなってみたら、存在論的に新たな量子現象の理論化に偶然に符合していたという歴史の見方は説得力に欠ける。すると「解析力学はもともと存在論的根拠に基ずく理論でない」という見方も登場するであろう。そしてその先に繋がる量子力学にも、この疑念は続づくのである。

古典力学の拡張

物理学の古典論とは力学と電磁気学、それに、熱力学と統計力学である。ちなみに、非量子という意味では特殊相対論も一般相対論も古典論である。要素集団の統計的振る舞いを扱う理論はそれ以上還元できない要素を扱う理論と違う。今日の観点では熱力学と統計力学を情報学の嚆矢であったとみなせる。量子力学と対比されるのは力学であり、りんごの落下と惑星運動の統一理論として完成したニュートン力学に始まる。その成功は法則性を「運動の法則」と「力の法則」の二種類に切り分けて分離した点にある。力の種類の入れ替えに対して運動の法則は不変である。力の法則は重力から始まり、一九世紀中葉には電磁気の力の法則が確立し、重力は一般相対論に進化し、一九三〇年代以後に原子核現象を司る強い力と弱い力が加わった。ニュートン力学の諸概念が電磁気学を整えたという意味で、これも力学的自然観の成功と位置づけられる。具体的な力や対象から独立した、普遍性をもった一般理論として力学の古典論はある。

初等的な力学のイメージは、微分方程式のニュートン運動方程式を用いて質点の空間運動を求める（積分解を求める）というものである。質点とは質量をもつ大きさのない粒子という理論概念であるが、大きさを持つ剛体、振動や変形をする弾性体、流動する液体や気体、こういった現実に目にするマクロな物体の運動は質点の集団的振る舞いとして理解される。また、質点集合の極限という構成的手続きを捨象して、初めから連続的場の力学として扱うことも出来る。こうして波動は、場の物理として「もの」を離れ、「こと」の物理として成長した。電磁気学は本来的な場という理論概念を力学に追加したが、これは質量のない存在への力学の拡張を意味する。空間の独立な無限個の位置点で値をもつ場の登場は、無限大の自由度という病理を導入した。

1粒子の状態（空間での位置）は三つの変数 $q_i, i = 1,2,3$ によって表せる。変数の種類を区別する添え字 i がとる数（今の場合は3）は自由度と呼ばれる。N個の粒子なら $i = 1,2 \cdots\cdots 3N$ となり自由度は$3N$に増える。一方、場を表す量は $A_a(x,y,z)$ のように空間の点 (x,y,z) の関数が幾種類 (a) かある。電磁場はベクトル場なので、その種類は四個であり、電磁ポテンシャルと呼ばれ、電場・磁場はこれらの微分で与えられるから「速度」に相当する。ここで (x,y,z) は点の区別をする添え字であり、質点の場合の i に相当する。空間の点を格子の結節点だけに取れば、場の自由度も有限になる。運動方程式とは力学変数 q_i や $A_a(x,y,z)$ の時間変化を与えるものである。[2]

(x,y,z) は i と同趣旨の添え字と見なすことができるが、相対論では時間と空間の対称性があるために、こうした時間の差別的扱いは適さない。量子力学への移行に際しては、時間空間の対称性は場の法則性としては組み込まれるが、状態変化の指標としての時間というものは空間自由度とは別物として扱われる。量子力学における状態変化の時間と、相対論の時空対称性でいう時間とは異なるものである。

境界条件

運動方程式では状態を変化させる原因は局所的に作用する力である。原因はqやAの加速度（時間についての二階微分）を決めている。したがって、積分解を得るには新たに境界条件の自由度が介入する。普通は初期条件としてqと$\dot{q}$を与えれば未来は決まるといわれるが、境界条件のつけ方はこれだけではない。弾道計算のように、初期ではなく目標とする終末点を定めて過去に遡及する問題が実用上は多い。また二つの時間でqのみを指定しても運動は一義的に定まる。$\dot{q}$についても同等である。さらに二つの時刻でのqか$\dot{q}$の何れかの組でもいい。場の場合にはコーシー問題、デリクレ問題、ノイマン問題など多様な境界条件の与え方がある。この境界条件の組み入れ方の課題を巡って、数学の解析学の進展があったのである。

微分方程式と境界条件のパッケージという法則の提示は、単なる数学技術としてでなく、この法則を語る様々なイデオロギーの温床であった。ニュートンの「神の一撃」や「仮説を持ち込まない」、ラプラスの「現在の全情報を知れば未来は全て分かる」、「決定論と自由意志」、などなど、科学が知的世界を塗り替えていく際に語られた力学談義は、この理論構造を礎にしている。筆者はプリンキピアは「原因としての宇宙」から「結果としての宇宙」への宇宙論の転換点であったと論じているが、（拙著『宇宙論への招待』）量子論との対比でも問題となることだが、動因、質と量、原因、力、広がり、因果性、決定論、自己完結性、などなどの力学以前の自然哲学の主題への関連でいうとニュートン力学はいかなる言説なのか、実はそれほど単純な議論ではない。

最小作用原理

力学のイデオロギー論議がまだ盛んであった一八世紀に端を発する別種の力学原理の提示の試みとして最小作用原理がある。〝別種〟とは力学原理は「微分方程式と境界条件」のパッケージではないという意味である。数学的には微分形を積分形に書き換えたものと言えるが、発散するイデオロギーは違ってくる。一八世紀末から一九世紀初頭において、ラグランジュ、ダランベール、ハミルトン、といった人達によってきわめて抽象的な形式に整備された解析力学がこれに当たる。そして、前述のように、量子力学誕生ドラマで古典論との橋渡しをした力学原理はこちらの方である。量子力学完成後、アインシュタインは「量子力学は加速度を力学から駆逐した」と言っている。この地殻変動の芽はすでに解析力学の中にあったのである。

解析力学の第一原理は最小作用原理である。運動方程式はこれからオイラー・ラグランジュ方程式として導出される一つの表現法に過ぎない。この原理は、例えば二つの時刻での位置を指定したときにその間の運動曲線を決める原理として定式化される。作用はラグランジュ関数の運動に沿っての時間積分値として与えられる。種々の仮想軌道の中で作用積分が最小になるものが運動として実現されるとする原理である。一種の「歴史」の選択則である。「時々刻々と未来が決まっていく」というイメージではなく、「予定調和」に適う一つの「歴史」を選択するルールとして最小作用原理の法則がある。「歴史」は〝起こる〟ものではなく〝在る〟のである。この原理の基本をなす作用積分の次元が「作用」であることが作用量子に通じ、量子力学に接近している。実際、ファインマンによる経路積分での量子力学の形式は両者の関係を直接に提示している。

配位空間と位相空間

ここで解析力学の状態表現空間について触れておく。多数の質点群の運動を三次元空間に表すには質点の個数だけの曲線が要るが、$3N$個の変数を座標とする$3N$次元空間を用意すれば一本の曲線で表される。このような表現空間を配位空間とよぶ。配位空間の一点はN個質点の位置を与えるが、速度ベクトルの違う無数の状態が縮退している。縮退とは異なった状態が未分化のまま重なり合っているという意味である。この縮退を解くために配位空間の各点にベクトル空間が附与されたファイバー・バンドルがラグランジュ力学の数学的枠組である。ハミルトン力学での表現空間は位置と運動量を座標とする位相空間である。この位相空間上での軌道は境界条件なしに一義的に定まっている。実際、この次元を拡張した空間上での軌道を決める運動方程式では、〝速度〟がハミルトン関数の各点での勾配によって与えられる。

$$\dot{q} = \partial H/\partial p, \quad \dot{p} = -\partial H/\partial q$$

これをハミルトンの運動方程式あるいは正準方程式という。

N個の質点なら位相空間の次元は$6N$次元である。この位相空間での運動指定の境界条件は不要で、各点は一義的に他の点とつながっている。すなわち位相空間には相流という流れが存在する。交わったら一義的でないから交わることがない。したがって相流は管状に推移していく。この相流はまた非圧縮流体のように流れ、状態点の密度は変化しない。これをリュビーユの定理という。（相流に端点がある場合、その点は特異点と呼ばれる。その意味は問題ごとに違っている）このことは〝状態の数〟の定量化が位相空間の体積によって行えることを示唆する。すなわち、すべての状態はこの空間に存在しており特定の状態の数はこの体積の比で表現できることを示唆している。ここに可能な「状態の数」といった情報学的概念と力学を結びつける結節点がある。この為に位相空間は統計力学の基礎となった。

位相空間の表現法では、ラグランジュ関数の代わりに、ハミルトン関数が重要な役割を果たす。また量子力学の誕生ドラマにおいては、このハミルトン形式の解析力学が常に先導役を果たした。完成した量子力学では、古典論の運動方程式は消えたが、ハミルトン関数、交換関係、状態数などの概念が引き継がれている。このように、解析力学によって拡張された「古典」力学の観点と量子力学の関係を押さえる必要がある。

解析力学——演算子、正準変換、ハミルトン・ヤコビ方程式

運動や軌道という概念はその数値的な表現（帳簿）とは独立な存在である。もともと数字のない幾何を座標系を導入して数字の学にしたのはデカルトである。しかし幾何そのものは数値表現を間に挟まないでも意味のある概念である。ある点を別の点に変換する操作も数字の変換とは別に導入できる。このような操作=演算作用をするものを演算子と呼ぶ。次に数字による〝表現の自由度〟に着目する。

これは原初的にはいわゆる座標変換の自由度であるが、状態を点とする位相空間の場合には、距離概念をもつ通常の三次元物理空間での距離不変の変換が回転であるように、位相空間での面積形式不変の座標変換が正準変換であり、正準方程式のかたちの不変性を保つ。このスマートな表現形式をめぐってポワッソン交換関係が登場し、リュービュ定理が組み込まれる。

ある座標系を固定すれば点の変換に応じて数座標空間の点も変換される。しかし、点の変換がなくても、座標系を変化させれば、やはり数座標は変化する。前者を能動変換、後者を受動変換と言う。したがって能動変換による数座標の変化を吸収してしまう受動変換を行えば、数座標は一定に止まる。こうして、運動の問題を、「可変変数の座標位置が時間的に一定であるようにするには時々刻々どのように正準座標系を選んでいけばよいか」という問題にすり替えることが出来る。これを表現したのがハミルトン–ヤコビ方程式である。この方程式をヒントに量子力学のシュレーディンガー方程式が導入されたのである。数式なしでは意を尽くした説明にはならないが、運動のナイーブな見方とはかくも乖離した抽象的見方に進化しているのである。列車に乗って窓外を眺めているとしよう。山や森といった風景を構成する存在には何の変化もないのに車窓の風景は刻々と変化する。風景は能動的変換は受けないが、我々にとって固定された車窓に登場する風景は、受動的変換の結果として変化するのである。

解析力学の言葉と量子力学の言葉

筆者は永く、京都大学で、解析力学を学部二年生後期の学生に講じていたが、この科目は「自然をありのままに見ない修行だ」としばしば言ってきた。(3) よく自然科学は「自然をありのままみる」ことだという実証の面だけが強調されるが、秩序化のツールといえる解析力学はそういうものでもない。〝ありのまま見ない〟修行をして初めて、自然は力学的秩序をもって見えるのである。

話しを元に戻すと、解析力学では運動というリアルなものと数値的表現（位相空間の座標）という「帳簿」をグジャグジャに混交する。「帳簿」の字面が変わらずとも運動があったり、「帳簿」の字面は変わっても運動がなかったり。一体何を信用してリアルをつかめばいいか？こうなるとこんな操作によって同一にならない意味での区別に着目するとか、独善的に観測者用の座標を固定するとか、ともかく何らかの対策がいる。

正準方程式で点の移動（運動）は正準変換という座標変換の一種と見なせる。実際、微小な時間差パラメータで引き起こされる変換はハミルトン関数で決まっており、正準方程式は正準変換に伴う座標値の変化の式と見なすことも出来る。ハミルトン関数は時間的な点の変換の作用素なのである。運動量は三次元空間座標の原点の移動を生成する（変換する）作用素である。この流儀で言うと、角運動量は座標軸の回転を生成する作用素である。これらの変換で移った先が物理的に同一の状態であれば三次元空間には一様性と等方性の対称性が存在するという。ネーターの定理によるとエネルギー、運動量、角運動量の保存則の根拠は時空の対称性にあるとなっている。エネルギー保存は物質の存在論的アイデンティティーを与えているものだが、その根拠が「測り方を変えても変らないもの」に還元されている。

また座標軸の回転を考えると明らかだが例えば x 軸の周りに回転した後に y 軸回りの回転をするのと、その逆では違った作用になる。このように回転操作の順序、すなわち作用素の積は順序、に依存する。すなわち順序を勝手に変えることができないと言う意味で非可換作用素である。このように物理量は一般に非可換な作用素であるとなる。ハイゼンベルグとディラックが着目したのはこうした物理量の非可換性であった。ハイゼンベルグ-ボルン-ヨルダンはここで作用の行列表現に着目し、ディラックはポワッソン括弧式と行列の交換関係に着目して量子力学に飛躍した。そして量子力学では、この非可換性がハイゼンベルグの不確定性原理に化けるのである。

有限の状態数

位相空間の各点が一つの状態に対応する。もし各点が数直線状の実数の点のように稠密であるなら、どんなに近傍の小領域をとってもそこには無限個の異なった状態がある。それらはある時刻では近傍であっても、時間が経てば大きな差のある状態とつながっているかも知れない。また逆に遠くに離れた点が別な時刻では直ぐ近傍の点になっているかもしれない。この「近傍」が近傍のままに止まらないと言う現象が決定論的カオスという数理現象である。ニューヨークで落ちた枯葉の影響が回りまわってビルマのサイクロンの原因であることを否定できなくしている。カオスを引き起こす原因はハミルトン関数の中に予め組み込まれているのであって、いちいち時間系列で計算せずともカオス性は判定する理論が開発されている。

いずれにせよ、時間間隔を有限に限れば、概ね近傍の状態は近傍の状態に移行する。しかし、位相空間をある有限な大きさで平均した量に丸めた粗略記述の方法をとれば、その丸めた範囲には新たな領域からの出入りが始まる。一義的接続でなくなる。このため時間とともに広い領域からの状態が絡み合ってくる。こうして同じ平均量を与える要素状態数セットの数は次第に増加していく。この状態数の増加がエントロピーの増加と関係している。

この課題は、状態のフル情報をどのように記述者の関心、適した量に落としてくるかという、情報処理の課題である。観測できたり外部から設定してやれる物理量の数には制限があるし、その値の精度にも限界がある。したがって状態数の大きい系の記述には、このように、〝真の〟物理量と記述用物理量の二重構造となる事態は避けられず、この処理をするのが統計力学である。〝記述用〟の事柄が何かということは、当然ながら記述者の関心に依存している。

その際、たとえばあるエネルギー以下の粒子一個には「何種類の（自由）運動状態があるか？」という茫漠とした問いに、位置と運動量を合わせた座標点をもつ位相空間を導入して立ち向かう。しかし、変数が実数なら、ある範囲の中で点の数は無限個あり、これでは「状態の数はいつも無限個である」というナンセンスな答えしか出てこない。ところが作用にはプランク定数hという最小単位があるから、最小作用体積があることになり、状態体積が有限の体積なら状態数は有限となる。hの存在によって電子のスピンのように角運動量状態は二値しか取らず、角運動量の状態数は二つといったことになる。こういった意味では、古典論に特有の過剰な状態数問題は量子力学では回避されている。

〝出来事がある〟

時間座標の原点をずらすことに伴う座標値の変換と運動とが同等であるという見方は、解析力学が達成した高踏的な運動の見方である。この見方によれば運動という出来事は〝起こる〟というよりは〝ある〟のである。〝ある〟ものの閲覧方法が運動という概念を生む。「変化」は瞬く間に「帳簿」の付け方という任意性に飲み込まれてしまう。だから状態は全体を「変化」しない数学的存在（多様体）として「ある」とする以外に方法がないのである。ある時刻の状態が過去にも未来にも決定論的に結びついているのだから、この繋がり（の線）の特定は、ある一つの時刻で行えばそれで十分なのである。このような運動の見方を聞かされると、時間的な変貌に目を奪われて世界を見ている視点とあまりにも断絶が大きい。変貌は自分用の座標系を定めて観測を絶え間なく行った際の測定値（「帳簿」の数字）の字面の変化であると見なせる。数字の系列に焼きなおす操作を間に挟んで初めて登場するものであり、デジカメ写真情報をデジタルな文字列で見ているようなものである。文字列にするから順番が付くのであってその順序は本来的なものではない。

起こるべきものは全部起こってそこにあるのである。それら全体を状態の集合というなら状態は様々な変換で互いに結び付いている。時間的な結びつきはハミルトニアン演算子での結びつきであり、これは結び合わせの一例に過ぎない。「回転」や「並進」変換もそうした結び合せの他の例である。そして状態を結びつける演算子が状態を記述する性質を構成する。力学とは状態群の変換理論と見直すことができるのである。

この見方に立てば、ここで状態点を状態領域に拡大し、演算子による変換を運動から論理演繹に読み替えることを可能にする。「AならB」とは論理演繹でもあり、変換であり、運動でもある。

量子力学の三要素

こういった問題意識をもって今度は量子力学の構造を見てみよう。プランク定数hと波動関数ψ、それと古典物理にもあったハミルトニアンやラグランジアン（まとめてH）、すなわちh、ψ、Hの三つが量子力学を構成している。原子対象のHは量子力学後に登場したが概念としては元々あった。「量子」の名はhに由来する。「波動関数」という呼び名は歴史的なものであり、今では「状態ベクトル」と呼ぶのが推奨される。波動関数の「波動」の意味を「重ね合わせ原理」の意味に解すれば一分の根拠があるが、波でないことだけは肝に銘じておくべきである。hの存在はミクロな物理的存在についての発見だが、ψへの飛躍はそれとは異質なものとして新しい論理・推論の創造に関わっているのかもしれない。ψはミクロな物理的存在とは直結していない飛躍なのかも知れない。hなしのψの理論があるのかも知れない。

水素原子の波動関数――誤解の源泉

ψの初デビューは水素原子の一個の電子波動関数であった。これは陽子（原子核）と電子の結びついた原子という系での、電子の位置の存在確率の分布を与えている。シュレーディンガー方程式を遠方で波動関数がゼロになるという境界条件をおいて解くと、ボーアの原子模型で導かれたエネルギー準位を再現する。この成功が波動力学のデビューを飾った。

シュレーディンガーの動機には、第六章で見るような、ハイゼンベルグたちの「観測される量だけを問題にする」という実証主義宣言に対する反発があった。だからエネルギー準位を導けるだけではハイゼンベルグたちと同じになり、シュレーディンガーとしてはψ自体にも実在的意味があると主張したかった。だからこの電子の波動関数は物理空間上の現実の存在だと初めは考えた。しかしそこに難題が発生した。波動関数の振幅が電子の存在確率に関係しているとするとエネルギーや電荷も拡って存在するとなるが、外部からエネルギーを与えて電子をはじき出すプロセスを考えると電子は点としてエネルギーや電荷の受け渡しをする。そこでこの波は存在の確率分布であるとするボルンの解釈へと修正されていった。それでも確率の空間密度だから、波動関数を時空間に実在する物理的存在とする誤解は続いている。

しかし水素原子をでて自由に運動する電子の波動関数に考察を進めると、波動関数の空間的実在性は希薄になっていった。確率の空間分布というのも、状態の数を測る測度がたまたま空間体積だったことに由来する特殊な事情であって、波動関数一般に共通することではない。このことはスピンなど離散的な量の波動関数を考えれば一目瞭然である。確率はもともと無次元の数値であり波動関数も測度の表現を適当に選べば全て無次元のものである。空間的に存在するという考え方は一般の場合には成り立たないし、確率波が空間中を伝播するというイメージも一般には妥当でない。そうは言ってもこう考える便宜法は広く行き渡っている。このような形で量子力学を駆使し、支障なく仕事をこなしている人が多いのも事実である。概念、言葉、イメージが驚くほど違っていても、共存している。量子力学導入でよく登場する二重スリットの光子による筆者流の解釈を295ページの付録「光子によるヤング干渉の誤解を正す」に載せてある。

ベクトルのイメージ

物理量を行列で表すハイゼンベルグ・ボルン・ヨルダンの行列力学とシュレーディンガーの波動力学の関係を数学的に整理したのがディラック、フォン・ノイマン達であり、波動関数の意味はここで最終的に明確にされた。波動関数は状態ベクトルの成分と位置づけられ、行列は状態ベクトルの基底ベクトルを決めた場合の、作用素の数字的表現である、となった。

高校数学までのベクトルのイメージは「矢印のついた線分」のことであって「状態ベクトル」までには大分距離がある。しかし同じベクトルという言葉を使っているからには共通点もあろうと思うことは大事である。新概念の把握には必ず何か実感のあるものを足がかりにすべきである。まずベクトルとは「大きさと方向の決まった線分」と習うが、それと同時にベクトルの合成則も習う。二つのベクトルから、例の平行四辺形を書いて、一つのベクトルが合成できる。また逆に、一つのベクトルを幾つかの違った方向のベクトルの重ねて合わせとして分解することもできる。この〝重ね合わせ〟による〝合成〟と〝分解〟が、線分ベクトルと状態ベクトルをつなぐ足がかりである。

「分解と合成」を無原則にやったのでは「これこれのベクトルの重ね合わせで合成したベクトル」という表現法が混乱する。そこで互いに独立な成分にまで分解して表現するのが適当である。そこに登場するのが、互いに独立で合成のために必要十分な数の基底ベクトルである。「基底」とは大きさを単位長さに決めたベクトルである。例えば三次元空間のベクトルは、「基底」となるベクトルを例えばx、y、z三方向の単位長さのベクトルに取ればよい。一般のベクトルは各「基底」ベクトルに成分をかけて長さを決め、それらを足し算して（重ね合わせて）合成すればよいのである。こうすると、三次元のベクトルは、三つの数字の組（成分）で表現できる。ベクトルという得体の知れないものが数字の組に置き換えられるのである。数字に変換すれば、四則演算や微分積分ができる。すなわちベクトルの演算ができる。

数学ではこの「得体の知れないもの」を数字の組に変換することを写像するという。「得体の知れなさ」を基底ベクトルに押し込めて、扱いやすい数字の世界に表現を移すのである。ここで注意してほしいのは、「基底」の取り方は勝手に選ぶことができることである。基底を取り替えれば成分（数字の組）も別のものに変わる。

状態ベクトルへの飛躍

状態ベクトルはこの三次元の実空間のベクトルをある意味で拡張したものである。得体の知れないものの情報を数字の組の情報に置き換える機能を状態ベクトルは持っている。たとえば紙上に描かれた、ぐにゃぐにゃした曲線のグラフ図形（横軸xで縦軸$f(x)$）があったとする。この形をＦＡＸなど使わずに、電話の音声だけで相手に伝えることを考えよう。要領のいい人は「方眼紙を用意しろ」と相手に言う。自分も罫線の入った透明な下敷きを持ってきてグラフのx軸に平行におき、「xが1で2.1（縦軸の値）、2で3.3、3で5.0、……」などと数字で言って、相手の方眼紙にグラフ図形を再現させるようにする。この場合、飛び飛びに選んだ$x=1,2,3$……といった点が「基底」ベクトルである。その点の個数がベクトル空間の次元である。一〇個の点をとったなら一〇次元ベクトル空間となる。そして（2.1,3.3,5.0,……）といった数字の組が成分である。それぞれの「基底」に各成分を掛けて足し合わせたのが、この図形の状態ベクトルである。

ただし、以上の伝え方だと情報を簡略化しているから、本来はなめらかな曲線のはずのグラフ図形がカクカクした折れ線になり、近似的にしか再現できない。もう少し上手なやりかたは、理工系の人にはなじみがあるフーリエ展開を使うことである。あらゆる曲線はいろんな波長の三角関数（サイン、コサイン）で合成することができ、重なり具合の振幅情報がベクトルの成分になる。したがって、図形をパソコンのソフトでフーリエ展開して、各波長の波の振幅を示した数字を相手に電話で伝えれば、情報を貰った方は共通言語である三角関数を使って図形を再現できる。ここではサイン、コサインが「基底」であり、重ね合わせの比率が「成分」である。この場合も「正確さ」はいくつの波長の振幅情報を伝えるかで決る。

電話だけで伝えるのが難しいものに、料理の味付けもある。現物を味わえない人に言葉で伝えるのは難しい。しかし、お互いに共通の調味料と食材をもっているならば、「何を何グラム……」と言うように数字の組で味付けを伝えることができる。調味料や食材が「基底」、量がベクトルの「成分」である。基底に成分という数をかけて足し合わせたのが、この料理の状態ベクトルである。たとえば（しょうゆ、砂糖、ごま油、味の素……）＝（5,5,3,1……）などのように、秘伝のレシピも共通の「基底」があれば状態ベクトルで表現可能になる。

素材と情報

ここで気づくことは図形、味つけ、などの、「得体の知れない」ものの情報を数字の組で伝達できたのは、送り手と受け手が共通の「基底」をもっていたからである。曲線なら三角関数、料理なら調味料と食材、こうした共通言語を両者が持っているから、成分の数字情報だけで「得体の知れないもの」が先方でも復元できるのである。現在の情報通信革命は、実はこういう手法で動いている。文字や、図形や、音声を送れるのはすべて情報をいったん〝決められたルール〟でデジタル情報（二進法

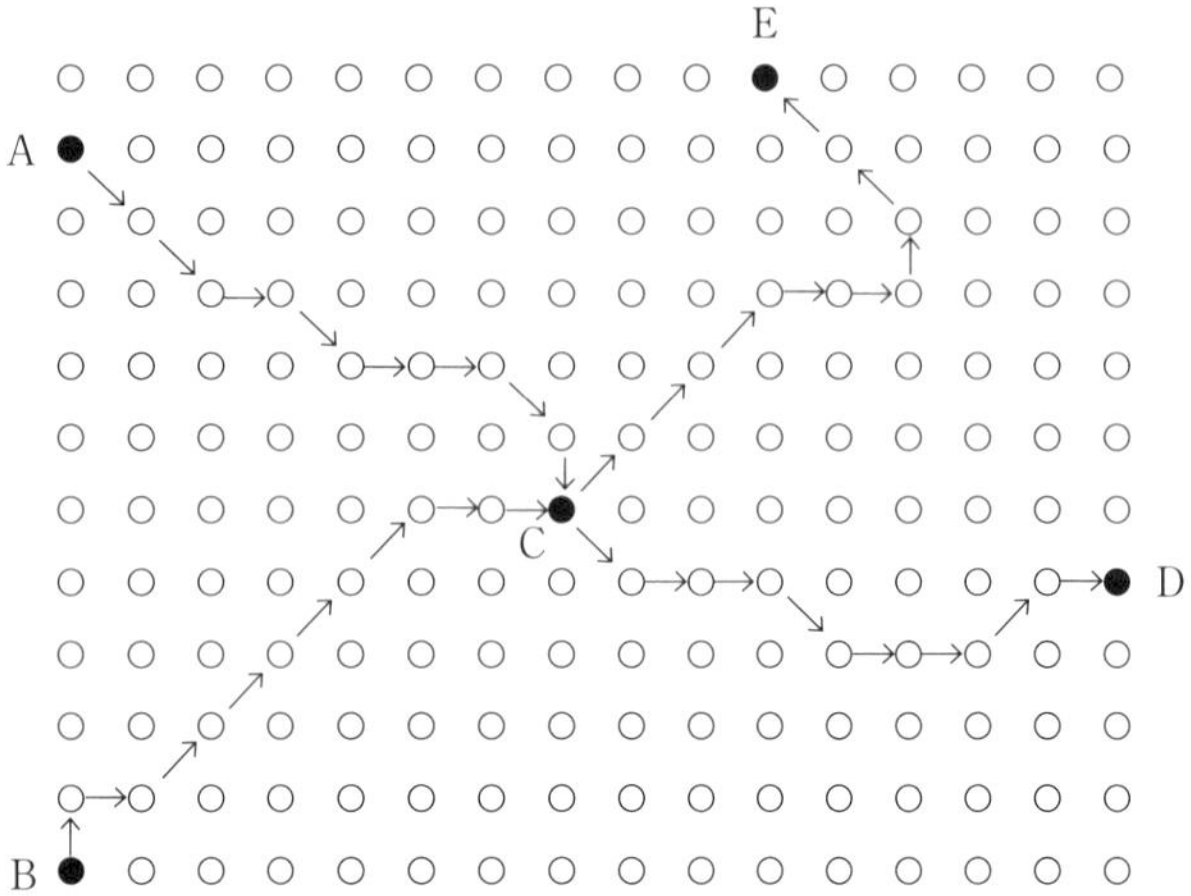

電光掲示板では動かない電球が点滅することで光る点が動くように見える。朝永振一郎による素粒子運動の説明。(4)

の数字）にマップされ、このデジタル信号を受け取った側がデジタルから〝決ねられたルール〟で文字、図形、音声などに復元するのである。復元が可能なのは両方で「基底」と〝決ねられたルール〟を共有しているからである。状態ベクトルで言うと素材は「基底」、情報は「成分」（振幅）に相当する。

　もっとも現実を決まったフォーマットの書類に収める際に感じる違和感は数値表現にはつきものである。ただそんな〝苦情〟は無視され、現実は篩（例えば書類のフォーマット）にかけられ情報に化ける。ともかく情報化の仕組みに見る「動かぬ素材（実物）」と「伝わる情報」への分解は現代社会の全てで進行中である。実は素粒子の運動を見る仕組もそういうものである。朝永振一郎が電光ニュースの喩えで説明している。場の量子論では各空間点の場の振動状態が空間的に移動していくのである。[4] 波というものは媒質中の「こと」が移動するのであって「もの」が移動するのではない。だから素粒子には自己アイデンテイテイがないのである。このアイデンティティ喪失は量子統計で状態の数をかぞえるときに効いてくる。ボーズ－アインシュタイン統計やフェルミ－ディラック統計といった量子統計はこのことを教えている。

文字、図形、音声、アニメ、食べ物、愛犬、僕自身、……はみな原子を素材にしており、その素材は送りも元も先方も共有している。だから情報だけ送れば先方で復元可能となる。届いた人間情報で手持ちの素材を作動させればそれが人間となる。素材は送る必要ない。素粒子も運動せずに情報をとなりの空間点に順番に伝えていけばいいのである。世は皆一歩も動かず情報だけが飛び回っている。何か〝引きこもりの〟情報化時代の社会を髣髴とさせる。

状態ベクトルの変化——UとR

状態ベクトルは速度ベクトルのイメージよりは曲線や味付けの情報ベクトルの方に近い。しかし、状態ベクトルの基底の数は一般には無限大、成分は複素数という代物である。このようなベクトル空間はヒルベルト空間と呼ばれる。この状態ベクトルを変化させるものが演算子である。演算子Uが状

態ベクトル$|\psi>$に作用して$U|\psi>$に変わる。空間ベクトルの長さを変えないのが回転という演算子であったが、これに相当する状態ベクトルの〝長さ〟を変えない演算子を導入できる。このような特別な演算子はユニタリー演算子と呼ばれる。これをU変換という。時間対称な力学的変化はUで表せる。

量子力学の状態ベクトルへの変化にはもう一種類ちがったものがある。それは観測という「問いかけ」に対する応答である。ある粒子が「x軸上のどこにいるか？」という問いかけに対しては「a」だというように応答する。これを$R(x)|\psi>\rightarrow|a>$のように書く。ところが同じ状態ベクトルに同じ問いかけをしても今度は別の位置「b」になる。ところが演算子の問いかけに、必ず確定値を応答する場合があり、この場合の状態はその演算子の固有状態と呼ばれる。このような固有状態が古典的な存在のイメージである。幾つかの対象を同じ状態に準備したのに、問いかけの度に各対象が違った応答をする。これを「重なった状態」と表現すれば、測定すると「重なっている」状態の一つが出現する、という言い方になる。そして出現の確率が状態ベクトルの「成分」の絶対値二乗なのである。同じ状態ベクトルで表わせる対象を数多く準備して、観測結果の度数分布を「成分」は与える。Uによる状態ベクトルの「回転」で変化したベクトルを古典的実在に引き戻すのがRである。

寓話的にいえば、試験前の状態は点数はまだ決まっておらず色々な点数の状態が重なっているが、試験によって一つの点数状態に遷移する。この「期待バブル」崩壊のメカニズムの演算子がRであり、時間非可逆で再起不能な実存的過程を記述するのがこの演算子のように見える。しかし量子力学の確率記述というのはそのような実存的なものではなく、推論の確率記述という面が強い。アハラノフ–バーグマン–レボービッツは時間の初めに状態a、最後に状態bと固定した場合、途中のある時刻での観測で状態cである確率を$P(c:a,b)$と書くと、$P(c:b,a)=P(c:a,b)$が示されることを明らかにしている。aとbについて時間対称である。この性質が第三章で述べた「無撞着歴史解釈」と結びつく。[5][6]

写像と復元

ここで「重なった状態の不思議さに驚け」と言われても、ピンとこない人もいるだろう。「自分にはミクロの物理の話は、いつも朦朧としていて不思議なものだ。ミクロは別世界なんだからミクロの法則性がわかるということ自体が不思議だ」と。「一個の粒子でも二つの穴を同時に抜けるのがミクロのミクロたるところだということで済むんじゃない。万有引力だって電気だってみんな不思議だ。そういうものだと思えばいいだけのこと。気色ばって、〝不思議だと思え〟とは物理学者の押しつけだ」と。マクロの粒子ならマクロ距離離れた二つの穴を同時に抜けるというのは単純にバカげているが、ミクロ世界は別世界だからマクロと違うと割り切れば済む、と。そう思えればよさそうだが、そうはいかない。「あの世」と「この世」の関係は無縁ですむが、物質世界のミクロとマクロはがっちり関係しているからである。。

〝不思議〟とは従来の枠組みに収まらないという意味である。物理学で成功した手法は、機器を含めて測定した物理的存在の記述を数学上の存在に対応させ、次に数学上許される演算で結びついている数学的存在に変換し、今度はこの新たな数学的存在が物理的存在に対応物をもつ、こういうサイクルである。このサイクルは生情報《ナマ》（文章、画像、音響）がいったん同質のデジタル情報に符号化されて、様々に処理され、それをまた生情報に復元する、という上述の情報通信のサイクルに似ている。量子力学では〝生情報〟を状態ベクトルに載せ、演算子でそれを処理し、それをまた〝生〟情報に復元することとである。量子力学ではこの符号化とその「回転」操作についてはスムースであるが、〝生情報〟に復元する段でこのサイクルが軋みだす。復元は観測・測定に当たる。しかし、古典的デジタル情報のような単純な復元になっていないのである。

コペンハーゲン解釈はここで統計的復元法を持ち出す。〝復元〟は演算子Rでの状態ベクトルの処理ではあるが、物理過程ではない。この〝波動関数の収縮〟は物理過程でない。また普通の演算子による状態変化はダイヤルを右や左に回せるように時間的にも可逆であるが、「収縮」では観測結果から逆の復元はできない。（これは確率と現実の関係であり第九章でも論じる）ここがこの解釈の弱点の様にもみえるが、実用上は極めて有用な枠組みである。「何を不思議に思うべきか？」と問われれば、この「収縮」が一番であろう。

ミクロのマクロへの還元

「収縮」が時空的過程でないことの弁明として、ボーアのいわゆる相補性原理というあいまいな議論があるが、突き詰めると古典世界と量子世界の二元論である。ちなみに両者に上下関係をおいて古典世界を量子世界の特殊な一例として包摂してしまうのが一元論である。二元論にしておけば両世界をつなぐ「観測」をいずれの世界の物理過程にも入れずにすませられると当初思ったのであろう。ところがこの「思考停止」で安心立命できない幾くつものパラドックスが登場する。「観測」もそれ自体が量子現象であると考えるのは如何にもまじめな態度に思えるが、猫のパラドックスのように、古典的に区別できる状態の重なりがミクロ状態との絡み合いの中で発生する。こうなると、観測による復元法もさることながら、状態ベクトルと現実との対応関係自体に疑念が生じる。ここで、イメージできようができまいが対応状態が存在するという立場と、状態ベクトルは現実に関する（主観的な）情報であるから悩む必要はないという立場、があり得る。前者は状態ベクトル実在派で多世界解釈がこれにあたる。古典世界を重ねるには世界は一つで足りなくなるから多世界が要る。

〝重なった〟となるのは、状態の準備と興味をもつ性質とのミスマッチに由来すると見ることもできる。どんな状態ベクトルにもそれを固有値とする演算子が構成できるであろう。その状態はこの物理量の固有状態だと受け取れば、古典的状態だけで済みそうである。ところがそんな演算子は観測者の物理記述には関心のない変なものなのである。ここにミスマッチがある。状態に応じて興味を変えれば重なり問題は解消する。しかし今度は観測者にとって物理変数の意味が不明になる。宇宙は観測者の介入ではじめて現れるのである。

数学的には状態ベクトルと演算子の連動した如何なる変換も自由であるが、観測者を固定した性質記述の変数としては何でもいいと言うわけではない。逆に、電荷や質量が観測量なのに演算子でないという問題がある。また時間も観測可能なのに演算子でない(6)。こうなると数学的な存在は文字どうりに物理的存在に対応物があるべきだという、ＥＰＲ論文で突きつけた要請に疑問符が付く。

第5章……量子力学理論の切り分け——hのない量子力学

量子コンピュータ[1][2][3]

量子情報研究が広い科学技術の世界の話題として登場したのは、一九九四年のことである。ピーター・ショアが、大きな整数の因数分解を計算する量子アルゴリズムを提示したというニュース報道によってであった。

このニュースには、「公開鍵暗号」、「RSA」、「フェルマーの定理」、「量子コンピュータ」、「NP問題」、「量子アルゴリズム」、「量子ビット」など、ハイテクやバイオを追っかけている科学技術業界誌の人間にとって馴染みのない用語が飛び出してきた。どうもコンピュータ、情報、通信関係の話しらしいと思っていたら、引き続いて、量子力学解釈問題、ＥＰＲ、「アインシュタイン」、「ファインマン」、「ドイチェ」、「多世界解釈」、「量子暗号」、量子テレポテーションという言葉へ広がり、どうも量子力学の基礎理論らしい、と物理学「最先端」を自負するストリングや宇宙論の学者に駆けつけるが何も知らないらしく、一向に要領を得ない。そこで戸惑っていると、量子ドット、ジョセフソン接合素子、ＮＭＲ、レーザーでのマッハ・ツェンダー干渉やイオントラップ、など、すでに追いかけていたナノテクノロジーなどのハイテクの話題と結びついたので、「なんだ、ハイテクが目指す一つの利用法の話か」と一安心。ともかく、マスコミや業界紙の書き手も、にわか勉強が大変だったのではないかと思う。

情報革命を引っ張ったシリコン技術の進展はムーアの法則がいうように倍倍ゲームであった。パソコン用ＵＳＢメモリーの値段が、技術者に気の毒なほどに、値下がりを続けることで実感できたように、トランジスターなどの素子を埋め込んだＩＣ回路の容量増、小型化がどんどん進んだ。しかしこの方式には量子力学の限界がある。ＩＣ回路では、各素子自体の操作は量子現象だけれども、素子をつなぐ回路をめぐる信号は古典的情報である。ところが素子同士がナノ・メートルに近づくと、素子間の作動自体が量子現象になってしまう。半導体加工技術の進歩は、量子素子を古典的に繋ぐ段階から、量子ビットをになう量子コンピュータ、遠隔量子相関を使った通信、侵入有無判定の量子暗号、などなど、二一世紀の技術開発の目標としての地歩を築きつつある。

量子力学の理論関連年表（1900-2000）

1900　プランクの量子仮説
1905　アインシュタインの光子説
1907　アインシュタインの比熱の量子効果
1913　ボーアの原子内部構造論
1917　アインシュタインの自発放射の確率係数導入
1923　コンプトン効果で光子説確認
1924　BKS 論文
1925　ド・ブロイの電子波動論
　　　ハイゼンベルグ論文
1926　BHJ 論文
1926　シュレーディンガー論文
1926　ボルン確率解釈
1927　ハイゼンベルグの不確定性関係
1927　ボーア　波動関数の収縮、コペンハーゲン解釈
1930　ハイゼンベルグ　教科書「物理的基礎」
1930　ディラック　教科書「量子力学」
1933　フォン・ノイマン　教科書「数学的基礎」
1935　EPR 論文
　　　シュレーディンガーの猫
1951　ボーム　教科書「量子論」
1957　エヴェレ　多世界論文
1962、65　ベルの不等式
1969　CHSH 論文
1982　アスペ実験
1982　ボーム、ド・ブロイ　パイロット波理論
1984　無撞着歴史　グリフィス　GH 1990、オムネス 1992
1982、5　量子計算のアイデア　ファインマン、ベニオフ等
1989　GHZ 論文
1992　ドイチェ-ジョザ　量子計算アルゴリズム
1993　ベネットらテレポテーション提案
1995　ショア　因数分解のアルゴリズム

多世界解釈

この技術開発そのものは本書のテーマではないが、ショアの量子アルゴリズム報道で飛び出した三つのキーワード群から想像されるように、この課題は「情報科学理論」―「量子力学解釈問題」―「ハードウェアとしてのハイテク」の三つの領域が結びついた新領域だということが分かる。とくにショアの話しは、量子コンピュータがあれば巨大整数の因数分解を古典コンピュータ（チューリングマシン）に比べて桁違いの速さで出来るという、量子アルゴリズムの話しである。量子アルゴリズムの理論だけで言えば、一九九二年にドイチュとジョサが別の例を出していたが、速い因数分解による暗号破りの例のようなインパクトがなく、「業界情報」に火がつくことはなかった。オックスフォード大のドイチェはテキサスのホイラーの研究室に留学している折にエヴェレとも直接話しをしている（第3章末のエヴェレ伝記）。彼は従来の「解釈論」と「量子情報」橋渡しをする役割を演じた(4)。

現在のITネットワークのセキュリティー管理を支える公開鍵暗号システムでは巨大素因数が使われており、もし量子コンピューティングで巨大整数の因数分解が短時間で可能になれば、セキュリティー管理システムは使えなくなる、という尾ひれがついていたので業界情報として広まったのだと思う。物凄く込み入った事情である。量子コンピューティングはまだハードウエアもないのだから、そんな心配はまったく早とちりなのだが、ショアのアルゴリズムが新たな挑戦分野の存在を世間に知らしめた功績は大きかった。

量子コンピューティングだと処理能力が飛躍的に巨大なものとなる。古典コンピュータができない処理を短時間でやってしまうのは、実は無数の〝多世界〟の古典コンピュータが並列に処理をやっているような状況が量子コンピューティングで生れるからである。少なくともドイチェはエヴェレの「多世界解釈」に導かれて量子アルゴリズムの構想を行ったのである。量子アルゴリズムという情報理論的問題と量子コンピューティングを担うハードウエアを結ぶのが量子力学解釈問題の鬼っ子ともいうべき多世界解釈だったのである。この背景が第3章の冒頭に述べた「ネーチャー」の「驚天動地のスーパーサイエンス物語」であった。

ビットからq―ビットへ

数字だろうが画像だろうがすべてデジタルなビット情報（0,1）に変換できる。この二状態（0,1）をとるスピン、「偏り」、「二準位」の原子系をN個揃えると、2のN乗個の異なった状態が作れる。N=2なら（0,0）（0,1）（1,0）（1,1）、N=3なら（000）（001）（011）（111）（110）（100）（101）（010）、というように増えていき、$N=100$では$2^{100}\sim10^{30}$という巨大な数になる。一〇〇個といえば目で数えられるが10^{30}と言えば天文学的数字である。ここまでは古典的に情報を表現する場合にも通じる話しである。

量子の場合の凄さはこの後である。ビット（$|0\rangle$と$|1\rangle$）が重なり合ったq—ビット、$\alpha|0\rangle+\beta|1\rangle$、状態に各原子系がいられることである。（複素数$\alpha$と$\beta$の内の二つの実数の自由度がある）$N$個の原子系の状態ベクトルは$|\psi\rangle=\Sigma\alpha_i|i\rangle$のように重なったものとなる。3個の場合は$|i\rangle$は先のような八個の状態である。

このN個系にマイクロ波やレーザー光を当てたりすると各系状態を変化させることができる。こうした操作をすると、合わせて2^N個の状態も一緒に変化する。例え一個の原子を操作しただけでも2^N個の状態全体に操作の影響が及ぶ。一回の操作が2^N回の古典操作をやったことに相当する。ここに量子コンピューティングの威力が隠されている。一回の操作が2^N個の多世界の状態を一気に変えるのである。多世界解釈などというと危ない話に聞こえるが、ここに巨大な技術力の芽が隠されていたのである。量子力学の威力は「状態の数」でなく「操作の数」において質的転換を起こすのである。

状態を変へる操作のミニモデルを$N=2$個の場合にやってみる。状態$|\psi\rangle=\alpha|00\rangle+\beta|01\rangle+\gamma|10\rangle+\delta|11\rangle$は、第一原子に「否定」操作（0→1,1→0）をすれば、状態は$|\psi'\rangle=\alpha|10\rangle+\beta|11\rangle+\gamma|00\rangle+\delta|01\rangle$に変わる。これは「$\alpha$が$\gamma$へ、$\beta$が$\delta$へ、$\gamma$が$\alpha$へ、$\delta$が$\beta$へ」という変化を一

回の操作で行ったといってもよい。古典だと(0,0)(0,1)(1,0)(1,1)は各々別の存在だから別々に四回操作せねばならない。一回と四回の差では威力の実感は湧かないが、一回と10^{20}回なら差は歴然である。

*h*のない量子力学

巨大整数の因数分解は物理現象かというとそうではない。ただ銀行のATMでの預金管理も、それ自体は物理現象でないが、計算機で起こる物理現象にのせて作動している。それと同じで因数分解の計算を量子コンピュータにやらすことかというと、そうではない。計算とは論理演算を行うものであるがこの論理演算則自体が古典論理演算と違ってくるからである。物質のミクロの世界の解明の中で定式化されてきた量子力学は「重なった状態」の存在論的意味を追ってきた。ところが、ここに来て「重なった状態」の意味を並列的論理演算の意味に焦点を転化させたのである。量子情報の研究で浮かび上がったこうした論理や推論の枠組みの拡大は、まさに「情報理論」への量子力学の展開である。情報学の側から見ればアルゴリズムとしての「量子力学」であって、ソフトを書く規則の一つの質的転換であるとみなせる。勿論、そのアルゴリズムで作動するハードウェアも作れるらしいというテクノロジーの状況を察して始まったのである。ハードウェアは物理のハイテク屋の仕事である。量子コンピューティングが使う量子力学には論理演算の操作と状態ベクトルがあればよい。そこには物質系のハミルトニアンもプランク定数hもない。

ここに二種類の量子力学が登場しているといえる。ミクロ物質系の量子力学と「量子」アルゴリズムとしての量子力学である。後者は端的に「hのない量子力学」と言ってよい。量子という命名は作用の最小単位hに由来するから、後者は「量子」でない量子力学である。いま前者を「量子物質」、後者を「量子情報」と約めて書く。「量子物質」とは実際の物質のミクロの探索をして制御技術を高め、それを持って物質の究極や宇宙の始まりを明らかにしてきた物理学である。物質の仕組みを量子力学で表現する新変数（物理量）と（それらの関係を結び付ける）ハミルトニアン（相対論的な場合はラグランジアン）を作ってきた。そういう変数が実数でなく交換関係を満たさず、そこに最小単位hが登場した。アルゴリズムの量子力学でも変数に当たる非可換な論理ゲート演算子はあるが、hは物質界独特のものである。

どっちが幹でどっちが小枝か？

この二つの量子力学の関係をどう見るか？　一つは「量子情報」を「量子物質」の巨木に生えた新しい小枝と見る見方である。「ハード技術が「量子物質」の域に近づいてきたから、そろそろソフト屋も「量子物質」の振る舞いにあったアルゴリズムのつくり方を学んでおけ」ということで新分野がスタートしたという見方だ。量子力学とは（ミクロ物質系の）ハミルトニアンもhも内蔵されたものであって、その大きな枠の中の一小部分の課題としてhのない「量子情報」分野があり、一種の部品製造メーカーだ、という見方もできる。「全ては物質に聞け」という態度、「頭の中で考えたって物質がそうでないならどうにもならないんだから、何でも物質にお伺いを立てた方がいい」という哲学の系譜で考えるとこういう見方になる。

この逆の見方は次のようなものである。「「量子物質」は「量子情報」を物質系という特殊な例題に応用した一分野に過ぎない」と。確かに歴史的には論理・推論の一般理論「量子情報」を見つけてきたのは「量子物質」であったが、因数分解のようなものも登場した現時点でみると、眼から鱗的に天地が入れ替わる。要するに「量子物質」は一応用分野でした、というわけだ。この見方の哲学的背景は科学の対象は外界であっても、科学という合理的な理論、特に物理学での法則を数理的に表現したものは所詮は人間がつくるものであるという見方である。そしてその理論化の基礎である論理や推論のルールの拡大がここで起こっているのだ、という見方だ。ところが「物理学は物質で論理を釣った」のだと言われると、褒め言葉と受け取る物理学者と軽蔑されたと受け取る物理学者がおるであろう。

筆者も含め多くの関心ある人間はこれら二つの見方の間で揺れているのだと思う。それは科学の見方全体に関わることだから簡単に割り切ってもらっては困る。外界の現象を秩序立ててみる秩序の根拠をめぐる二つの見方の対立はひろく遍在している。例えば確率をめぐる主観確率と客観確率の二つ見方も「量子情報」と「量子物質」と似ている。ベイズやラプラスは「情報不足」のなかでの推論に合理性をあたえる指標として確率という数字を導入した。この推論のツールは人間の側が用意したものだから主観確率と呼ばれる。それに対して実在そのものに先験的確率の根拠があるという立場では、ランダムな出現の現象に即した客観確率の理論だという。確率と量子力学をめぐる二つの見方の関係は「秩序」の客観、主観の例示以上の関係があるので第9章でさらに論ずることにする。

思わぬ伏兵参入

パブリックな科学というのはこういう問題を各人の「見方」や〝こだわり〟などを置き去りにして前に進むのが特徴である、科学現場で仕事をしている各人にとってはこういう「床の間」へ置物の飾り方のような思い入れは無視できない。各人は「こっちが幹だ、あっちが小枝だ」と位置づけるが、客観的には実勢のある課題が急成長する。技術の発想は「不思議で悩む」よりは「不思議の制御」であり、制御の為には不思議を極めねばならないので、「極め」が大事だという基礎科学の立場とそれ程違うわけではない。

こうして生まれた近年の量子情報研究の活況は、アインシュタイン的に量子力学がまだ「不完全」だから完成しようという視点ではなく、完成品であると太鼓判が押された一九二七年版量子力学をしゃぶり尽くそうという発想である。EPRの警告が実験により否定的にクリアされた一九八〇年頃を一つの転機として、「不思議なものの制御」という技術の発想が芽生え、コンピュータ、情報通信、暗号といった拡大する既存のIT業界の一角で「アインシュタインの亡霊」が活況を呈することになった。意図から言えばアインシュタインとは逆なのだが、彼が目をつけたものに群がっているという意味では〝アインシュタインもの〟である。〝アインシュタイン〟といえばこれまでも「革命の士」、

「原爆の父」、「宇宙のロマン」、「ハイテクの父」などと、世に連れて様々なレッテルが貼られてきたが、二一世紀には「テレポテーションのアインシュタイン」となりそうである。思わぬ伏兵の参入である。

コンピュータは電子で動くのか？　OSで動くのか？

アインシュタインは「このままでは物質と時空の学説としての物理学の基礎が覆る」という懸念で、「このままではドロボーに入られるよ」という警告をしたのである。確かに波動関数（状態ベクトル）の居場所を時空上から追放することは、時空上にすむものを縛る掟の埒外に放り出すことである。EPRは量子力学全般の否定でなく「波動関数による記述は完全か？」という警告なのである。しかし長年、物理学は思想善導で、この警告に「封印」をしてきた。そして今まさに「ドロボー」達が大挙して一九二七年版量子力学に群がりだしたのである。

もっとも彼らは、物理学での量子力学の位置づけをどうこうしようという意図はない。むしろ「量子物質」の理論の「hのない部分」を切り分けて、それを「物質」界から持ち出して別の魂を入れて育てようというのである。だから「忠告」に従って「ドロボーに入られないように鍵をかける」試みをしてきた（物理業界ではマイナーであったが存在した）量子力学基礎派の態度と「ドロボー」側の態度は、心情において逆なものである。しかし皮肉なことに、思惑の違う両派合作で現在の活況が生まれたといえる。

もっとも「量子情報」も所詮は制御の実演は「量子物質」の舞台で行うのだから、大家から離れられないのは事実である。ただ、「計算機は半導体の量子電子が動かしている」イメージから「コンピュータを動かしているのはOSである」イメージへの推移があるように、科学技術の世の見方は微妙にずれていくものである。こういうことを気にすると「ドロボー」云々の喩えも現実味がます。

量子情報のハードとソフト

確かに量子情報のながれも量子力学を標榜しており、それを実演して見せるハードウエアは正に物質の量子力学で作動させねばならない。後者はハミルトニアンもhも要る量子力学である。ここは物理学そのものである。しかしコンピュータを操るソフトウエアを書くプログラマーがICチップの動作まで知らなくてもいいように、量子情報でもハードの上で働かすプログラムを論ずる量子力学がある。これは「巨大整数の素因数分解のアルゴリズムを量子力学で書く」という時の量子力学である。

このアルゴリズムとはデジタル化された情報を載せた状態ベクトルに次々と演算を施していく論理演算過程である。

量子計算などのブームの中でも量子力学の名は二重の意味で使われている。一つは将来の量子計算機のハードを支える物理的な部品の中で起こる量子物理現象を記述する量子力学である。レーザーや量子ドット、NMRやイオントラップ、などのハイテクである。これらは、デジタル情報を載せた量子状態を保持し、また物理作用を受けて論理演算に対応した状態変化をする、という性能を持たねばならない。現在のコンピュータではトランジスターの回路網で実現されている部分である。ところが量子情報ではこれだけでなくプログラミングの仕方も量子力学仕立の新手法に拡大するわけである。このソフトに相当する場面での量子力学が第一の場面での量子力学と一緒かどうかという問いあるが、少なくとも第二の量子力学には*h*がない。

論理ゲート

コンピュータの原理は一九三六年に数学者のアラン・チューリングが考えた次のような二つの部分から成る装置である。まず升目に0、1の何れかが書き込まれたテープがあり、それにその情報を読み込んだ上でテープを書き換える操作を行うヘッドがある。ヘッドは自分のテープからの読み込みによって内部状態の変換と外部のテープの書き換えという、二つのアクションをするオートマトンである。その振る舞いのルールはあらかじめヘッドにプログラムとして組み込んである。こうしてテープの入力データをプログラムによって「計算する」という自動装置が生まれる。しかも「入力データ」や「プログラム」は差し替え可能であり、その意味で万能計算機である。これはニュートンの運動方程式が「力」と「境界条件」は差し替え可能な万能運動法則であるのと似ている。

内部状態を突き合わせてあるアクションを指示するプログラムは次のような論理演算に分解できる。論理演算とは否定、論理積、論理和、排他的論理和の四種のことで、0、1の組合せについて簡単に表がつくれる。電気回路はトランジスターの組み合わせでこういう演算素子を構成できる。0、1とは電位が「かかっている、かかっていない」、磁石が「上向き、下向き」といった物理状態に対応するがこの状態は古典（非量子）状態である。状態変化の過程での個々の電子の振る舞いは量子的であるがここでいう状態自体は古典的に識別可能な状態である。量子要素の小集団が担う古典的状態である。このような古典情報としての0、1の変換を行うのが古典論理ゲートである。

物理過程か？情報処理か？

四つのゲートを見て気づくのは否定ゲート以外は出力から入力を逆に推定できないことである。情報の一部が捨てられてしまうから、時間的に非可逆である。したがってこの論理演算過程は（可逆な）力学過程ではないのである。一九六〇年代、「情報は物理である」という名言を発したロルフ・ランダウワーは、この事情を、「「消去」という情報処理はエントロピーの生成であり、現にマシンの温度を上昇させることだ」と指摘した。「発熱」は「消去」だと、眼前の同じ現象を物理過程とも情報処理過程とも見ることが出来る。古典論理は発熱を伴う物理過程なのである。

しかし、一九七三年にチャールス・ベネットが示したように、論理演算を全て可逆な過程にすることはたやすかった。入力—出力のラインの外にもう一本制御ラインを加えることですぐ可能になる。その基本は制御ラインと標的ラインから成る「制御NOT」ゲートに見ることができる。制御ラインによって標的ラインを操る。こうして三本以上のラインを用意すると可逆的な論理ゲートとなり、力学過程で置き換えることが出来る。この教訓は人間の思考を基準にした「論理」の限界を示したものである。

こうして各ラインに実現されている状態を論理ゲートによってプログラムに沿って置き換えていく

というマシンを、力学過程しかも量子力学過程、に置き換えていくのが量子情報の処理操作である。なぜ「量子」になったかというと各ラインの状態が(0,1)のビットではなくそれらの重なったq―ビットだからである。

物理学的には電子のスピンや光子の「偏り」が物理的相互作用で変化していく過程なのであるが、この同じ過程を各ラインのq―ビット状態が論理ゲートで操作されていく過程として語るのである。巨大整数の因数分解といった注文が来ればそれを実現する設計図に当たる量子アルゴリズムを作り上げ、ハードのモノづくりは「町工場」に発注する。素材を電子にするか、光子にするか、NMRにするか、それは発注者の念頭にない。モノ作り側の責任であり発注者はq―ビット数と演算回数といった操作性のスペックにだけ関心がある。その実現のためにどんな量子物理現象を使うかは「町工場」に蓄積されたモノ作りの秘伝がものをいう、そんな役割分担の時代が将来来るのかもしれない。

量子テレポテーションと量子暗号

近年活況を呈している量子情報技術の未来図としては、量子計算以外に量子通信、量子暗号などがある。それらの説明は他書に譲るが、量子計算以上に、遠隔相関を論じたEPR議論の物理実体の

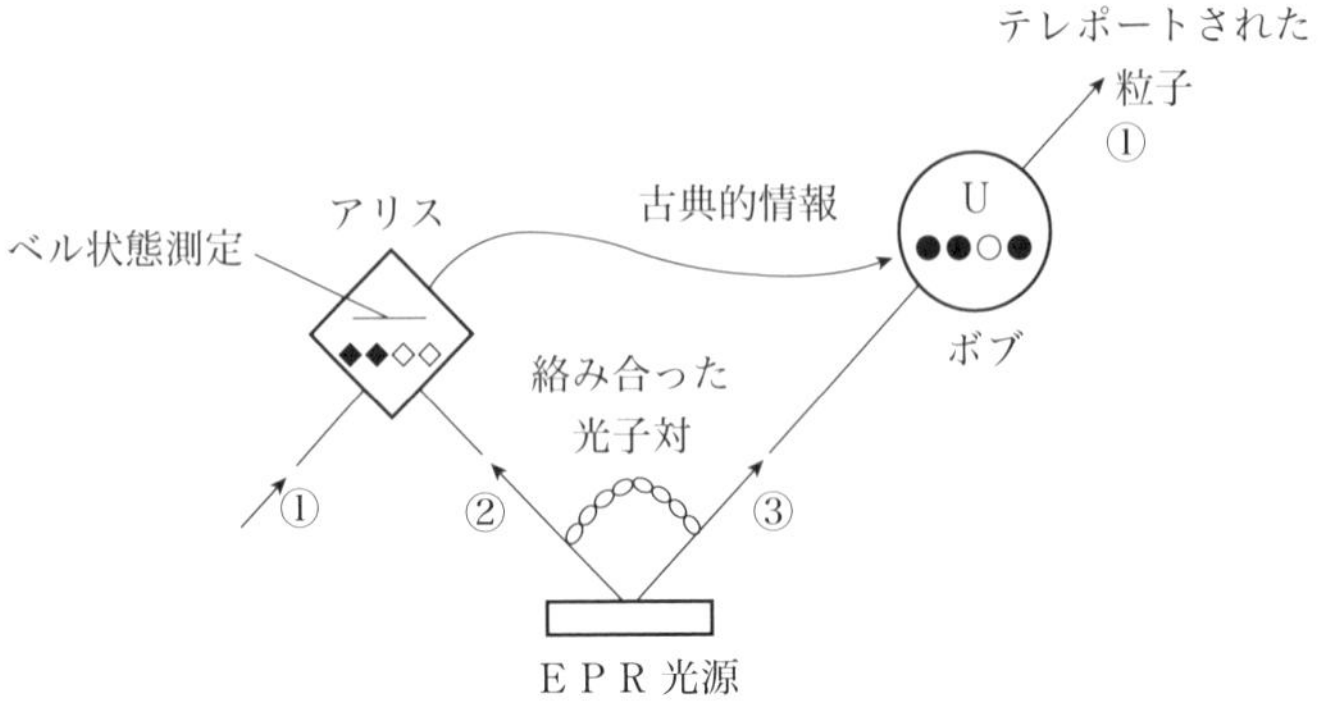

絡み合った光子対（②と③）をアリスとボブが持っている。アリスがｑビット①を②と一緒にして観測し、その結果をアリスがボブに「古典的情報」として伝えると、ボブはそれをもとに③に手を加えることで①のｑビットに変えることが出来る。こうしてアリスからボブにｑビットを送信したことになる。(6)

「局所性」の論議と直結しているのが量子テレポテーションである。ＥＰＲが指摘した離れた地点で相関の発現は、そのまま瞬時通信のように見える。また観測による波動関数の不可避的「収縮」は、対象に影響を与えずにそこの情報をコピーするのは不可能であり、痕跡を残さずに〝こっそり盗み見する〟ことは出来ないのでセキュリティーに役立つ。暗号が盗み見されたかどうかの判定に使える。盗み見防止は出来ないが、たくさん試みて盗み見されていないのを使えば暗号になる。こうした量子情報の物理的特性を活かしたアルゴリズムの発想がいろいろ発案されている。これが量子情報分野の今のところの活況である。

一九九三年にベネットらが提案(5)したＥＰＲ相関を利用して遠隔地にｑ―ビットを送信する実験が成功しており、これは量子通信の第一歩である。数十キロメートル離れた地点でのＥＰＲ相関をつかった量子テレポテーションが実験的に実現している。(6) アインシュタインの量子力学不信のセリフとして〝God does not play dice〟(神はサイコロを弄ばない) が有名だがもう一つ〝spooky action at a distance, telepathically〟(ばかげた遠隔作用、それこそテレパシーだ) がある。後者を実現したのがテレポテーションである。これこそアインシュタインが断じて許せなかったことである。そしてこれは量子力学が時空的でない(すなわち局所性と関わりのない) 情報を操作していることを示唆している。

テレポテーションに戻って、いま離れているアリスとボブはEPR相関にある二つの要素の一つずつ持っているとする。アリスが、あるq—ビットの第三の要素とアリスのもとのEPRの片割れを一緒にした二体系をつくって、ある物理量を観測をする。その情報をボブに伝えると、ボブは自分が持っていたEPRの片割れにその情報に沿ったある操作を施すことでアリスの送ろうとしたq—ビットを再現できる。ボブがq—ビットを手にするにはアリスからの情報 (最低光速での時間かかる) が要るので瞬時に情報が飛ぶわけではないがq—ビットが送れることは量子通信たる威力である。

デコヒーレンス

量子情報の研究がまだ「15の因数分解」のようなオモチャの性能にとどまっていて古典マシンを遥

かに凌ぐ威力を発揮するまでに至っていないのは、ハードウエア開発が追い付いていないからである。行く手を阻んでいるのはデコヒーレンスである。この影響でq—ビットの数と操作時間の長さをなかなか増やせないのである。第3章でみたように、デコヒーレンスは環境との作用によって重なりの位相情報が乱されてしまい、着目する系だけを操作しても理論上意図していた状態の推移が実現されなくなることを意味する。「乱す」作用もきちんとした物理法則に従っているのではあるが、着目する系が閉じているという前提が崩れてくるから、意図したマシンの操作を行っても意図した通りには作動しなくなるのは当然である。

古典マシンの場合も、状態を維持するエネルギーが環境に散逸して状態が崩れかけることがある。したがって情報保持には冗長度をもたしてエラーを小さいうちに修正しながら、次々と新たなデジタル情報に転写して崩れを防いでいる。ところがq—ビット状態は転写出来ないのである。これはノン・クローン定理と呼ばれる。このためにq—ビットの操作はデコヒーレンスが保たれている間の一発勝負ですまさねばならない。これがハードウェアの開発を極めて難しくしているのである。

またこのコピーが出来ないというq—ビットの性格は、存在論的に、情報処理というイメージを元の物理プロセスに揺り戻す要因にもなる。古典マシンで物理過程を離れて情報処理のイメージが軽快に成立したのは転写が可能だったからである。コピー可能だと物質から遊離して情報が立ち現れるからである。量子情報はその資格に欠けるところがある。コピーなしの一現象の中でどれほどの情報処理をこなすことが出来るかはこれからのハイテクの開発にかかっている。

宇宙は計算過程

従来の物理過程を量子情報の処理過程と見なす視点は、「量子物質」の量子力学にとっても重要な展開である。「量子情報」は何かを修正した、何かを追加した、という訳ではない。同じ数理的枠組みを一貫した別の言語に改ざんすることに成功したことである。情報処理の技術という明確な意図の存在がこの改ざんを成功させているのであろう。しからば「量子物質」をこの改ざん言語で見るとどうなるか。

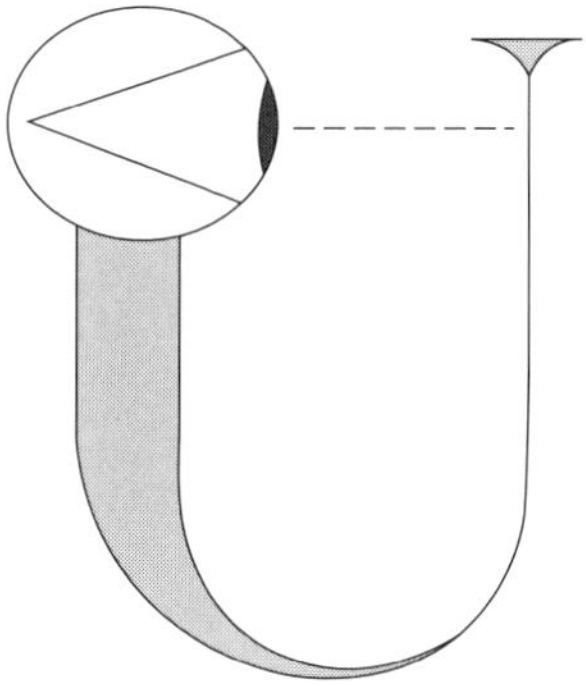

「宇宙（U）とは自己励起した回路である」、ホイラー描く。

法則性や秩序のあり方は「自然に聞け」という物理学の態度である。あれこれの意図を自然に押し付けずに発見したのにも拘らず、この量子力学の数理的枠組みが、すっぽりと情報処理という技術的意図を持つ言語に改ざん可能であることは驚きである。偶然以上の背景があるのかも知れない。もしかしたら主観的には「自然に聞け」でやってきたつもりだが、客観的には法則性や秩序の在り方を物理学も自然に押し付けていたのかも知れない。それなら人間の描いた物理学だから人間が意図する情報処理のツールと一致するのは当然ともいえる。しかしここでは今のところは二つの異なった言語が同じ数理的枠組みに付与できると解しておこう。

その上での知的飛躍として自然現象や宇宙進化をすべて計算過程（情報処理過程）と見なす試みを行ってみるのは興味深い。「宇宙は 10^{90} ビットの情報に 10^{120} ops の論理演算を行ってきた情報マシンだ[6]」といった目で膨張宇宙を語ることは、通常のパソコンと宇宙コンピュータをメモリー容量や演算速度の言語で比較する視点をうむ。「何でも吸い込むブラックホール」についても「吸い込まれる」ものを物質から情報に置き換えただけで新鮮な視点をうむ[7]。一九七四年に提起されたスティーブン・ホーキングのブラックホールの蒸発も制御ハンドルのない自動量子コンピュータの情報処理に見えてくるのである。そして情報処理の究極の難問といえば脳の機能である。そこに量子情報処理が介入するのかどうか？常温の環境では、物理・化学過程でデコヒーレンスになる時間は短くて、量子情報処理は不可能と普通は考えられている。その一方で「騙し絵」を見ていると、一方が見えると他方が消える、といった事象は何か波動関数の「収縮」を思い起こさせるので脳の量子論の待望論がある。

何れにせよミクロ物質世界の探索に巨大な威力を発揮した20世紀の量子力学は21世紀においては「情報」などの新たな新天地で異なる価値を発見していくのかもしれない。

第6章 量子力学とマッハの残照

ハイゼンベルグの一九二五年論文

今日の量子力学理論のかたちが初めて姿を現したのは一九二五年のハイゼンベルグの論文である。「運動学的および力学的関係の量子論的再解釈」と題されたこの論文のアブストラクトは次のような哲学の表明になっている。

「この論文は、原理的に観測される量のあいだの関係に基礎をおいて、量子力学理論の基礎を構築することを目指す。(1)」

ウェルナー・ハイゼンベルグ（Werner Heisenberg, 1901–1976）

この論文が登場するまでの物理学上の前史と、この業績を嚆矢とするその後の量子力学八〇年の歩みについては第2章でも述べたので、ここではいきなりこの短い文章の詮索にはいる。

当時、「観測される量のあいだの関係」というフレーズは、明確な「哲学の表明」と受け取られる時代背景があった。また本人もそのことを承知のうえで哲学的態度を明示的に表明したのである。つまり、党派的な哲学と価値中立な科学は違うから、このハイゼンベルグの言葉が本人の意図に反して哲学的メッセージと受け取られた、というのではない。ハイゼンベルグは確信犯的に哲学にコミットしているのである。そのことは、論文表題が「科学の方法論」を主題としていることを表明している点からも読み取れる。この新しい力学理論を提起する論文のなかで実例として扱われる具体的な物理学上のテーマは、原子に電場や磁場をかけた時の原子スペクトルの変化を論じることなのだが、アブストラクトには一切こうした題材が言及されていない。この点にも、哲学主導の著者の意図が明快に表明されている。

物理学者マッハ

当時の学問世界において「観測される量のあいだの関係」を指針にするというのは、いわゆる「マッハ哲学」の受容を意味していた。マッハとは、一九世紀後半に活躍したオーストリアの物理学者エルンスト・マッハ（一八三三―一九一六年）のことである。マッハ自身は哲学者と呼ばれることを好まなかったが、学術・文化界に発したその多くの著述や講演によって、いわゆる実証主義哲学の広告塔的存在であった。ヨーロッパにとって未曾有の惨禍であった第一次大戦を体験して世相が一転した一九二〇年代にあって、マッハはすでに過去の人物であったが、その言説は思想界の基層に広く定着していた。

オーストリアで発行されているマッハの郵便切手

一九〇一年生まれの青年ハイゼンベルグにとって、一八八〇年代の一九世紀後期から世紀転換期にかけて名を馳せた大思想家マッハに対しては、両義的な想いがあった。彼の先輩にあたるプランクも、アインシュタインも、ボーアも、みなマッハを物理学を目指す上での偉大な教師であったと懐古したが、大戦中に亡くなったマッハへの追悼においては彼の影響のマイナス面に言及したものが多かった。それは学問世界においても規模拡大とその官僚的整備が進み、それを取り巻く若者の間では、近代化の疎外感と生への渇望が軋轢をうみ始めた時代の推移を映し出すものでもあった。反骨精神の自由人マッハに魅せられて科学の途を歩み、いまや巨大な権威の「認識の檻」のゲートキーパーとなった次世代の科学者達にとって、マッハの言説が時代を超えて若者に及ぼしている影響には当惑するものがあったろう。

「アインシュタインの立場」

後年、ハイゼンベルグはこの論文が完成されていく過程にふれて、次のように述べている。

「私は複雑な数式の迷路の中に入り込んでしまい、出口を見つけることができなかった。しかしこの試みによって、原子の中での電子の軌道は絶対に問題にしてはならず、振動数と線の強度を決めるべき量（振幅）の全体が軌道の完全な代用品として使えるという描像に私は確信を持った。いずれにせよ、これらの量は直接に観測することができる。したがってこれはまさに友人オットーがアインシュタインの立場として、ワルヘン湖への自転車旅行の時に主張した哲学の精神にあっているわけで、ただこれらの量だけを、原子を定める部分と見なすべきである」[2]

ここで「ワルヘン湖への自転車旅行」云々と紹介されているエピソードは、この自伝の前々章に述べられている。それは一九二二年夏、ハイゼンベルグがまだミュンヘン大学のゾンマーフェルドのもとで物理学の勉強を始めた頃で、研究室の先輩であるヴォルフガング・パウリ、オットー・ラポルテと3人で一緒に行ったアルプスへの旅である。

ハイゼンベルグは相対性理論で時間の考えが変更を受けていることに関連して次のような疑問を呈した。時間や空間の観念は誰にも自然に備わっているものである。カントはそれをアプリオリなものとしてそれに絶対的な権利を譲与した。「そのような基本的な概念を変更したならば言葉も思考も不確かなものになり、そして不確かさということは理解とは調和させられない」と。オットーはそれは根拠のないことで、「君はあんまり哲学をやりすぎなんだよ」といい、次のようにいった。

「すべての絶対性の要請は、当然はじめから否定すべきである。実際には直観的で感覚的な知覚に関する言葉や概念だけを用いるべきである。とは言っても、もちろん感覚的な知覚を複雑な物理的な観測でおきかえてもかまわないが。そのような概念は多くの説明を要さずに理解されえる。まさにこの観測可能なものへの償還請求こそがアインシュタインの大きな功績であったのだ。アインシュタインは彼の相対性理論で正当に〝時間は時計からよみとるものである〟という平凡な確認から出発したのだ。もしも君が言葉のそのような平凡な意味を素直にとるならば、相対性理論には困難はないよ。観測の結果を正しく予言できるような理論が作られた以上、その理論は理解ということに対して必要なものはすべて、供給してくれるのだ(3)」

マッハの過ち

議論は天体運行についてのプトレマイオスとニュートンの差におよび、ヴォルフガングはオットーの見解を実証主義一辺倒だとして反駁した、2人の議論が展開されるが平行線になった末に、ヴォルフガングがいう。

「たいそうもっともらしく聞こえる君の要請はだよ、君も知っての通り主としてマッハによって提唱されたものだ。アインシュタインはマッハの哲学を信奉していたおかげで、彼が相対性理論を見つけたのだと時折り言われることがある。この結論の仕方はあまりにも乱暴な単純化であるように思えるよ。マッハは原子の存在を信じなかったことはよく知られている。原子を直接に観測することができないという理由で、当時、彼は正当に反論できたからだ。しかし原子の存在を知ったのちに、物理や化学における厖大な数の現象をわれわれが理解できることを、今になってようやく期待できるようになったのだ。明らかにマッハはここで、君のご推薦の彼独自の基本原理によって迷路に入りこんでしまったのであり、僕はこのことを全く偶然によるものだとみなしたくはないのだ」（前掲書、55 p）

オットーは少し語調をやわらげて言った。

「あやまちはどの人にでもあるさ。ものごとをありのままでなく、ややこしく表現するために、それを利用してはいけない。相対性理論は非常に簡単だからわれわれはそれを本当に理解できる。しかし原子の理論はまだ混沌としているように見える。」

アインシュタインとの対話

一九二五年の論文が注目を浴びた翌年春、当時ドイツの物理学の牙城であるベルリン大学で講演するようハイゼンベルグは招待された。量子論発祥の大学であり当時はプランク、アインシュタイン、フォン・ラウエ、ネルンストらが在籍していた。ハイゼンベルグは当時、ゲッチンゲン大学のボルンの研究室の助手をしており、この第一論文は後に、ボルンとヨルダンが加わって行列力学というかたちに数学的に整えられた。その年の一一月に投稿された3人連名の論文はDreimannerarbeit（三人男作品）と呼ばれて、その後ながく量子力学のバイブルとなった。ベルリンではこうした進展も含めて話しをした。

講演の後、アインシュタインはハイゼンベルグを自宅に招待した。ここでの対話をハイゼンベルグは自伝の中で長文にわたって再現している。それは本書のテーマであるアインシュタインと量子力学、量子力学と世界像の核心に関わるものであるが、ここでは初めのやりとりのみ再現しておく。アインシュタインの改めての問いに「原子の中の電子の軌道は観測できない」とハイゼンベルグが答えると、アインシュタインは「本気で信じてはいけません」と応えたのでハイゼンベルグは驚いて聞き返した。「まさにあなたこそ、この考えを相対性理論の基礎にされたのではなかったのでしょうか？」アインシュタインは答えた。「おそらく私はその種の哲学を使ったでしょう。……しかしそれでもそれは無意味です。……」ハイゼンベルグはさらに問い返した。「理論というものは、思惟経済の原理のもとの観測の総括に過ぎないという考えは、物理学者でかつ哲学者であったマッハから生まれたものだった」そしてあなたが相対性理論でこれを決定的に使用したと多くの人が言っているが、正反対のことをいま言われる、自分は何を信ずるべきなのでしょうか？とアインシュタインに問いかける。(4)

マッハをめぐる思想状況の変化

いささか長い引用になったが、ここで、ハイゼンベルグが論文で表明した立場がマッハに繋がっており、「観測可能な量のあいだの関係」や「思惟経済」をキーワードとしており、それが実証主義哲学とよばれる系譜に連なっていることがわかる。またアインシュタインのマッハ主義―実証主義哲学に対する態度が相対論創造時の前期と量子力学創造時の後期で大きく変わったこともわかる。19世紀後期に教育を受けた多くの物理学者がマッハを偉大な教師と讃えていた評価は、20世紀に入って、物理学での原子論が定着するとともに大きく変化していった。例えば、大学教育の責任を担う立場になっていたプランクにとって、学生のあいだに流行する思想風潮は許しがたいものであったが、その流行思想におけるヒーローはニーチエでありマッハであった。一九〇八年、プランクはまだ健在であったマッハを公然と批判した。物理学の世界ではすでに過去の人であったが、思想界では硬直した学界への不満表明のイデオロギーとしてマッハ主義は一人歩きしていた。一時代前、マッハによる物理学の歴史的概念批判で解き放たれた科学の新世界に魅せられて、多くの俊英がマッハを教師として科学に参入したのであった。それが世紀転換期をへた第一次大戦まえの時期には、ニーチェと並べられて科学そのものを否定する思潮としてマッハ主義は語られたのである。

マッハとは何者か

原子さえ否定していたマッハではあるが量子力学が描く世界像を語る上でもマッハは再びキーワードの一つである。19世紀末の碩学の一人であるエルンスト・マッハを一言で語ることは難しい。プロイセン帝国と並んで絶頂期にあったオーストリア・ハンガリー帝国の学界で縦横に活躍した行動的な人物であった。ながくプラハで大学教授をしており、またいわゆる世紀末ウィーン文化を彩る世代よりは一世代前の人物である。彼の言説は著作や講演を通じて、中欧全体で、思想の基層に滲み込んでいった。その多面さを表現するために木田　元の本『マッハとニーチェ』(5)の帯に書かれた宣伝文を引用させてもらう。

「現象学も、ゲシュタルト心理学も、アインシュタインの相対性理論も、ウィーン学団の論理実証主義も、ヴィトゲンシュタインの後期思想も、ハンス・ケルゼンの実証法学も、どれもこれもマッハの思想のなんらかの影響下に生まれた。遺稿のうちに残されたニーチエの最後期の思想、いっさいの「背後世界」を否定する「遠近法的展望」もマッハの「現象」の世界とほとんど重なり合う。一方は物理学者、一方は古典文献学者くずれの在野の哲学者。まったく交流のなかった二人の思想家が、同じ時期に同じような世界像を描いていた。これはけっして偶然の暗合ではない」

名士マッハ

それにしても、21世紀に生きる者にとって、マッハは余りにも遠い。その上20世紀に不人気で、たえず語り継がれて来た人物ではなかった。そこで、マッハについてざっと基本的な事項を述べておこう。彼は、現在はチェコ領であるブルノに生まれ、ウイーン郊外で成長し、ウイーン大学で物理学を学び、グラーツ大学を経てプラハ大学で二八年も長く教授を務めた。後年一時、ウイーン大学に新設された科学史の講座の教授も勤めるが、体調を崩し晩年は息子のもとでミュンヘンで過ごした。この間、プラハ大学学長や貴族院議員なども勤める帝国の名士でもあり、進歩的な政治思想をもつ独立心の旺盛な自由人であった。思想内容ではニーチェなどと並べられるが、人生においては天と地との違いであった。

ここで注意して欲しいのは、当時のオーストリア・ハンガリー帝国とは現在のオーストリア、ハンガリー、チェコ、スロバキア、クロアチア、セルビアなどに広がる広大な地域であったということである。また文化・学界・教育界ではプロイセン、バイエルン、スイスを含むドイツ語圏が斉一な世界をかたちづくっていた。このことは南ドイツ生まれのアインシュタインがスイスの大学にまなび、有名になってプラハ大学の教授になり、さらにベルリン大学教授にのぼりつめた例にも見て取れる。マッハの諸著作の影響力もこの広大なドイツ語文化圏に思いいたす必要がある。現在の観光国オーストリアではなく、ハプスブルグ王朝の大帝国がマッハの活躍の舞台だったのである。

物理学ではじめ光学の実験を手がけたが、一八七七年頃には弾丸による超音速による衝撃波の研究を行い、後に写真撮影にも成功している。高速度を音速で割った比をマッハ数というがこれは彼の名を冠したものである。最近ドイツのフランフォーハー機構の一つにEMI（エルスト・マッハ研究所）が設立された。これはマッハのこうした衝撃波などの工学応用の研究所である。また視覚心理学の用語でマッハバンドというがあるがこれも彼の名である。そのほか、耳の蝸牛殻、三半規官の機能に関するマッハ-ブロイエル説、ヘルムホルツの音楽理論批判などがある。ただし、光学の装置で「マッハ-ツェンダー干渉計」というのがあるが、これはエルンスト・マッハの息子のルードビヒ・マッハのことである。

彼を著名にしたのは物理学概念の歴史的批判書『力学の発達』（一八八三年）[6]であった。彼はこの系列の本をさらに『熱学の諸原理』（一八九六年）、『物理光学の諸原理』（一九二一年遺稿）と書いている。さらに、感覚生理や心理に物理学者として考察を展開した『感覚の分析』（一八八六年）などの著作である。『感覚の分析』は何回も補遺をかさね、英訳も早い時期に出版され、広く購読された。また

『力学の発達』の中で展開された慣性系をめぐる議論はマッハ原理と呼ばれ、アインシュタインの一般相対論に影響し、またその後の宇宙論の議論にも受け継がれている。さらに熱力学と分子統計力学の関係をめぐるエネルゲティークとアトミスティークの論争は主にオストワルドとボルツマンの間で繰り広げられたが、マッハはもちろんエネルゲティーク派に分類される。(ただし、この点はそう単純でなく、これについては第7章でも触れる。)

物理学では負け組となった大人物

この大人物が20世紀に入った物理学のなかで急速に権威を失っていった。その理由は、彼の原子否定論の予言が外れたためとして語られるが、もともと彼の原子否定論は、物理学としてではなく科学論をめぐる主張であった。すなわち次のような語り口である。

「物理学に関して、それは、原子、力、法則、といったいわば感性的諸事実の核をなすものにこそ係わるのであって、感性的諸事実の叙述は、たいした問題でないと考えられる向きもあろうかと思う。しかし、虚心に熟考してみると、われわれの思想が感性的事実を完全に模写できれば、どんな実用的な要求も知的な要求も、直ちに満たされるということが判る。それゆえ、模写こそが物理学の目標、目的なのであって、原子や力や法則は模写を容易ならしめる手段たるにすぎない。原子、力、法則、等々は、それが模写の援けとなる限りにおいて、しかもその範囲においてのみ、価値を有するにすぎないのである」(7)

物理学の話として原子否定論を聞くと、ミクロの世界への探求を放棄する保守主義のように考えがちだが、彼はむしろ「原子を飾って思考停止」する保守主義を批判しているのである。だから一九世紀末の実験によるX線、放射線、電子、などの偶然の発見は新しい現象界の登場であり、そこに新たな思惟経済へのヴァージョンアップがあったのは当然のことであった。科学がもつ探索と秩序化の二側面、探索の道具による感覚の「拡大」、こういう目で見ればマッハは別に誤ったわけではないとも言える。物理学者としての業績である衝撃波の研究は、人間の目の時間分解を凌ぐ高速撮影の成果であるが、これこそ「感覚を拡張」する先駆的技術である。

マッハが健在だった当時を知っているシュテファン・マイヤーの回想がある。

「マッハの前で原子について語ろうものなら、彼はたいてい、「あなたはそいつを見たんですか?」という質問でもって、つっかかるように遮るのであった。当時、こう言われると人々は沈黙しなければならなかった。いまや(アルファ線が蛍光板にあたったときの閃光を見ることが出来るようになってから）、事情が一変してしまった。マッハはスピンサリスコープ（蛍光板閃光を拡大してみる拡大鏡）の実験をやり終えたのち、頑固なつまらぬ反対などせずに、率直に「いまでは私は原子の存在を信ずる」とだけ言明した。そのときのことは、私にとってもっとも感銘深い思い出としていつまでも変わることがないであろう。ほんの数分の間に、彼の世界像がかわったのだった（8）」一九一一年頃のことと思われるが、実証された知識を重視する実証主義者の真骨頂である。オストワルドもペランのブラウン運動の実験を見て原子を認めたという。

20世紀のマッハ

マッハを二〇世紀に語り継がれない思想家に陥れたのには、二つの要因があった。内容が相当に違う二つだが、時代はほぼ同時期のことである。一つは、直前で触れたように原子をめぐる物理学の顛末である。前述した筆者の考え方のように捉えるならば、なにもこれで物理学者としての権威失墜につながるものとは思えないのであるが、史実として「権威失墜」につながったことは事実である。

一九〇八年から始まったプランクの公然たるマッハ批判は、おもに若者に対するマッハ思想の悪影響という教育論を主題とするものだが、専門分野でのマッハの権威失墜を踏まえてなされているのも事実である。マッハの名で語られていた一般的な思想の場面での若者への悪影響防止のための説得を、専門分野での失敗を挙げて行うような、妙な構図になっているように筆者には思える。プランクがいう教育面での悪影響の批判については拙著『孤独になったアインシュタイン』第四章に記したので省略するが、端的にいえば百年たった現在も言われている「若者の理科離れ問題」といってよい。

何れにせよ原子の世界の探索と利用が花開いた20世紀の物理や化学のなかで、あえてマッハに言及するものはなく「語り継がれない」人物になった。

「職業としての学問」

師と仰いだ人物を批判することになるプランクの事情の背景には、この間の時代の流れがあった。一九世紀後半でのビスマルク指導下での国民国家プロイセンの強化、ヘーゲル、カントの観念論の下でのリベラル化したベルリンの大学知識人、国家予算の肥大化、講座体制の飛躍的増大、カイザー・ウィルヘルム協会による物理・化学の圧倒的存在感、などのなかで、科学の世界では、巨大な学問装置による官僚化、科学の専門家化・細分化が進行した。プランクの量子論の発端となった黒体放射の精密な実験データが得られたのもこうした先進性の中でのことであり、その動機は製鉄業による富国強兵であった。

しかしその反動として次のような状況が横溢してきた。

「ギリシャ以来のミュートスとロゴスの対立は、この一八八〇年代から一九一〇年代の世紀末を挟んだ時代の精神状況では、自然科学と批判的実証主義が神学をも含めた全学問領域を席巻する状況になればなるほど、神学の世界への還帰、人間の原基を求めようとする知の動きは感性の復権となってあらわれる。そこではイメージ、想像力、象徴による解読がなされる。人間の深層に宿る基層を通して太古の人間と現代人が交換し合うものを求める。これはたんなるロマン主義でなく、自然科学を触媒にしている(9)」(上山安敏『神話と科学』)

この状況は、拙書『孤独になったアインシュタイン』に詳しく述べたように、マックス・ウェーバーが大戦直後の一九一九年に「職業としての学問」を若者の前で講演する事態につながっている。

「唯物論と経験批判論」

マッハを消したもう一つは、20世紀社会主義運動の指導者レーニンが、『唯物論と経験批判論』（一九〇九年）のなかで「マッハ主義」を攻撃のターゲットにしたことである。この批判ではスイスの哲学者アヴェナリウスと一緒に俎上に上げられた。唯物論との対比で攻撃されている「経験批判論」という用語はアヴェナリウスによるものである。しかしマッハがアヴェナリウスの巻き添えをくったというわけではない。マッハは「感覚の分析」の補遺のなかでアヴェナリウスの主張が自分のそれと同じ方向であり、自分の考えが哲学的基礎をえて補強されたと表明していた。この二人自身はレーニンと人間的に関係はない。けれども、ロシア革命をめざすボルシェビイキの論客の一人であったボグダーノフらがマッハ―アヴェナリウスの説に共感して、「心理的経験の社会的組織化という新たな社会科学」が可能になると説いていた。これは物質の法則性に歴史の必然性を求めるマルクス主義哲学の根拠を切り崩すものだった。それにしてもこの一見学術的な争点になぜレーニンがあれほどの大作をものしたのか。それはロシア革命史に深入りせねばわからない。

何れにせよ、その後の歴史はレーニンが指導するボルシェビイキ革命が成功してソ連邦が建設され、そして第二次大戦後は東欧や第三世界での共産革命を経て、マルクス・レーニン主義を仰ぐ思想は巨大な共産圏を築き、もう一方の雄であるアメリカ帝国と七〇年以上にわたって対峙した。それにとどまらずこの間、西側世界の知的世界でもマルクス哲学やレーニンの著作は権威として君臨した。搾取されていた者を解放したとするソ連体制の現存は無数の抑圧されている人々にとって希望の星であったし、その創造を指導した言説に真理をみようという願望は世界に横溢した。スプートニクに象徴されるソ連の科学技術の隆盛は科学=唯物論の勝利のように見えた。政治体制としてのソ連現存と知的世界の権威とは明らかに連動していたのである。

そうした雰囲気では、この革命の指導者に罵倒された言説は憚られた。ここに当時の雰囲気を伝える文章がある。ハイゼンベルグ著『量子論の物理的基礎』(一九三〇年)の翻訳が一九五四年に出版されたが、「訳者のあとがき」に玉木英彦(当時東大教授)は次のように書いている。

「唯物論の側からは、悪名高きマッハ主義者 Heisenberg が唯物論の敵コペンハーゲン精神の宣伝をやっているこの本を、わざわざ訳すことに抗議がでるかも知れない。しかし、Heisenberg は Jordan ほどマッハ主義的ではないし、……」[10]

まるでマッハは悪病神の様である。また唯物論に対峙する「アメリカ帝国主義」哲学の側でも、専門分野で権威失墜した人物の哲学を敢えて持ち出す必要はなかった。

そして何よりも科学の世界では原子は響き声をあげて拡大していた。こうした中では物質に真理が宿るとする唯物論は単純で明快な哲学であった。科学は単純明快を旨とすべきであり、物質に頼って法則を説明する必要がないとしたマッハの主張は逆転した立場に立たされていた。原子こそ単純明快な思惟経済であり、それを実在と見ない立場こそ無用なものに拘っているように見える時代が到来したのである。

マッハの真骨頂

二十世紀に入り、放射、原子、電子、放射線が物理学研究の一角を占めるようになり、また量子論と相対性理論の考えが学界の中で徐々に広がった。時代が既にこの原子の時代に転換した後、一九一三年六月付のマッハの文章がある。当時すでに七五歳の高齢である。この二頁に満たない短い文章は、不朽の名作である力学と熱学の歴史考察に続く第三段目として出版された、『物理光学の諸原理』[11]の「前書き」である。その流れは次のようである。

「これは前二書（力学と熱学）と同じ目的の本であり、〝形而上学の重荷（バラスト）〟から光学の概念を救い出すことである。発見者から実験と推論の展開を経て如何に共通の概念になってきたかを記述する。しかし、この本は実は未だ完成まで行ってないのであるが、高齢と病気でどうなるか分からないので、この途中原稿を出版社に渡すこととした。放射、光の放出理論の崩壊、マックスウェル理論、それに相対性理論については、あとで追加する予定の補遺で簡単に触れるであろう。それは研究の同僚でもある自分の息子との共同執筆になるだろう。この共同執筆の部分が早い機会に出版できると期待はしているが、これが最後の機会になるかも知れないので、そこでは相対性理論の視点はとらないことだけはいま言っておかねばならない」。

「寄贈された出版物や交際のある人達の情報で、自分が相対性理論の前駆者と見なされていることは承知している。自分の力学の本で述べたアイディアがいかに新しい提示法であり新しい解釈であったかは今でも想い描くことができる。しかし哲学者と物理学者は自分に対する十字軍(粛清)を続けるだろう。なぜなら、何回も指摘してきたように、私は、オリジナルなアイディアをもって、知識のいろいろな分野で、偏見なく辺りを見回している通行人(rambler)の様なものだからである。そこで、現在の原子論的信仰に承諾を与えないのと同じように、自分は信念を持って相対性理論の前駆者であることを受け入れない。理由は相対性理論がますますドグマ的に成長しているからであるが、この見解に導かれたのには次の特殊な理由もある。感覚の生理学、理論的概念、自分の実験の結果、などまだ引き続き考察を要する。

相対性理論の研究に捧げられた増加しつつある貢献は今後も失われないであろう、それらは既に数学にとっては不動の価値になっている。しかしながら、それが将来でもこの宇宙の物理的概念としての地位を維持するものかどうか、すなわち将来でてくるであろう新概念によって広がった宇宙でもその位置があるのかどうか?、科学の歴史の一つの過度的なインスピレーションに過ぎないのか?、それは分からない」

そしてこの後、この文章は多くの人々への謝辞に当てられている。

一九〇九年にマッハは新人アインシュタインを認知して著作を送っている。また相対論に触れた文章もあるがその文献はなぜかミンコフスキーの論文を引用してあったという。彼流の思惟経済でみれば確かに特殊相対論はミンコフスキー時空に集約されている。いずれにせよマッハによる突然のアインシュタイン承認のキャンセル通告であった(12)。

マッハの時代の終焉

この本は一九一六年にマッハが没した後の一九二一年に出版された。言及されていた補遺は追加されなかった。出版の遅れはこの間の欧州を戦場にした大戦によるものであろう。しかしこの間に、物理学も学術世界の風景も劇的な変化をとげ、マッハのこの最後の意見表明に注意をはらう者はいなかった。この間、原子の物理学は一層進展しただけでなく、相対性理論は一般相対論に拡大し、またアインシュタインという人物をめぐる状況が「一九一九年の一件」を経て激変した。太陽重力による光路の曲がりの観測結果が一般相対論の予想に一致したと言うニュースが大戦直後の特殊な世相に火をつけたのである。チャップリンにならぶ有名人になった彼は米国や日本をも巡った。また、この間、「相対論は中欧のキャバレーで、辛口のジョークの種になっていた」[13] マッハはもう完全に過去の人であった。

欧米の知的世界でマッハの影響力があったのは一八七〇年代後半から一九一〇年頃までであったが、一九一〇—一四年頃に、マッハをノーベル物理学賞に推薦する動きがあった[14]。エドアルド・ジュース(Eduard Suess：一八三一—一九一四)、ローレンツ、フェルデナンド・ブラウン（ブラウン管の発明者：一八五〇—一九一八)、オストワルド（一八五三—一九三二）らの錚々たる大学者がマッハを推薦した。ブラウンとオストワルドが一九〇九年度のノーベル賞を受賞しており、一九〇二年に受賞しているローレンツや地質学者として学界の長老であったジュースにも語らって推薦した組織的行動のようである。ローレンツはマッハがヨーロッパ中の物理学の教師であったと言い、ブラウンは、何れ相対論がノーベル賞の対象になるのであろうが、彼こそその創始者だとしてこの実験物理学者を讃えた。オストワルドは、第7章でみるようにエネルゲティークの論客だが、マッハに倣い化学分野で歴史的な概念批判や科学教育にも活躍した人物である。これらノーベル賞受賞者は自分たちが尊敬する大先輩マッハが受賞してないことにしっくりしないものを感じたのかも知れない。

多くの若者を科学に惹きつけた彼の鋭い批判精神のかっこよさと、達成された成果をもドグマとして批判し続ける自由人としての不屈さ。マッハとしては一貫した態度ではあっても、いまや国家の要請で急増した多くの学生を抱えた学術のエスタブリッシュメントとして振舞う時代を担っている次世代の物理学者にとっては、些か扱いにくい前時代のカリスマの亡霊ではあっただろう。

マッハ再論

確かに、物理学の世界と違って、思想界ではマッハは依然として無視できない大物のようである。しかし、人は言うだろう。「没後一〇〇年近い21世紀初頭で科学界がマッハに見るべき何かがあるのか？　たとえあるとしても、マッハの言説はその後の一〇〇年のラッセル、ヴィトゲンシュタイン、クーン、ポッパー、クワインといった20世紀の科学哲学の言説に織り込まれているのだか、あえてマッハまで遡る必要はないのではないか」と。しかし筆者は、次のような三点において、マッハは「科学の現時点」の中に再生しているように考える。

第一に、一九九〇年代からの量子情報技術の研究開発の勃興は、量子力学理論の身分をめぐる議論が半世紀の中断を経て活性化しており、創始者ボーア・ハイゼンベルグで繋がっているマッハの世界像論と量子力学の関係を再検討する意味があるからである。その際に新たに考慮すべきは、量子力学と相対論に登場した新数学の役割であろう。突破口を開くのに共にマッハが与っていたことは事実であるが、完成理論での新数学の存在感が、アインシュタインをマッハから引き離したといえる。物理理論の新数学による見事な秩序化がアインシュタインに実在論的主張を強めさせた。しかしその後八〇年の紆余曲折をへて、ボーア・ハイゼンベルグ「流」を招来していると見ることが出来る。この数学との関係の問題は第九章で再論する。また「繰り込み理論」の発見は法則とは「観測される量の関係」というテーゼを当初とは違った意味で再生させている。

このように、物理学およびそれに連動した数理理論を牽引車として、多くの科学分野でいわゆる〝近代化〟が成し遂げられた。マッハは、ヘルムホルツらと並んで、感覚生理学と心理学で、科学化の領域拡大を実践したパイオニアである。物質の科学にのみ没頭した科学者との違いは、彼の科学思想形成に影響している。脳を含め拡大した諸科学の関係を論じる際、20世紀の物理学自体のイメージに変動が訪れていることを踏えて、マッハを再読することは有意義であろう。これが第二点である。

さて、マッハは、世紀末思潮の中ではニーチェと並べて論じられたりするが、ニーチェの境遇とは正反対な輝ける帝国の大教授として、華やかな人生コースを歩み、それにふさわしくエネルギッシュに行動した。彼の社会への語りかけの動機は知的世界をほぼ席巻しつくした時代にあって、科学の社会での受容を説得することであった。従来の宗教や価値の世界に科学が介入したことに対する反発がくすぶる中で、「科学は真理の独占を意図しない」というメッセージを発して、社会を説得し対話的な行動を促すのが彼の思想の根幹にある。「観測される量の関係」や「思惟経済」というマッハ思想の背景には、狭い意味での科学認識論では括れない、科学主義を排する、社会と科学の関係が横たわっているのだ。この第三の課題については第10章で再論することにしよう。

第7章……「非決定論」のウイーン

「ボルツマン」の継承とは？

実在と法則をめぐる物理学での論争には、量子力学での本番を前に、19世紀末の熱力学と気体分子論をめぐる前哨戦があった。ある意味で決着がついているこちらには、すでに優勝劣敗の論争史がある。そこでのヒーローはルードビヒ・ボルツマンである。学者として円熟した六二歳で自殺するという唐突な終わり方をしたこともあって、ボルツマンの遺産をどう受け継ぐか、その道は一つではなかった。ウイーン大学の物理学者フランツ・エクスナーは一九〇八年に大学学長就任演説のなかでボルツマンを「狭隘な決定論的法則性の桎梏を脱して確率的な法則性を物理学に導入した先覚者」として、その功績を讃えた(1)。同じ時期に、マッハへの公然とした批判に踏み切っていたプランクは、物理学の法則を現象の思惟経済の知識に過ぎないと描くマッハに対立する実在論陣営の旗手として、ボルツマンを賞賛した。熱現象の背後に、力学法則に従う分子という明確な実在を導入したことの成功に光を当てた評価である。ところがエクスナーの演説では力学の基礎にさえ確率法則を置こうとする自分の学問論と文明論は、オーストリア物理学の経験論の伝統を受け継ぐものだとして、この文脈の中で、マッハとボルツマンを同一の系譜に位置づけている。カント的学問観を基層とする中欧(ミッテルヨーロッパ)にあっては、結果には原因があるとする因果性を捨て去ることは、この基層にあるドグマから抜け出す革新を意味していた。非ユークリッド幾何をめぐるこの時期の議論の基層にもカントのカテゴリー論からの離脱があった。そうした強力なドグマの存在が、逆にそれに挑戦する思想を生み出すという例である。

三つの座標軸

ここで問題にしているボルツマンの不朽の業績とは、「熱現象の背後に決定論的法則に従う膨大な数の分子集団があり、その統計的法則性として時間可逆な力学法則が非可逆な熱力学法則に化ける」

という途を示したことである。しかし、その業績の継承の仕方が前述のようにただ一つではないのである。この錯綜した状況を分析的に見るには、何かの座標軸が必要だ。そこで仮に三つの対抗軸を導入してみよう。すなわち「存在」論、「秩序」性、「知識」の社会論である。「存在」とはハイデッガーのように狭雑物を排除した「存在としての存在」といったものでなく、物理学の話だから、時空的存在と局限してよい。むしろ軸の方向は、第二の軸とも絡んでいて、「存在」と「秩序」の関連と言った方がよい。次の第二の軸についてだが、まず自然科学には「探索」と「秩序」化の二つの側面があることを確認したうえでの「秩序」ということである。X線、加速器、検出器、情報処理を携えてミクロの物質界を「探索」した諸々の発見が、20世紀にはDNAからクォークにまで至ったことはよく知られている。人間の五感的自然を越えた科学機器で結びついた新世界が「探索」され、その制御・利用が広がったことが二〇世紀の特徴である。ここで言いたいのは、自然科学総体の活力を「秩序化=法則化」の視点だけで捉えるのは誤りだということである。「探索」「探険」「実験」「工作」…は独自の意義を持つ。ニュートンのプリンキピア以来の物理学の成功を支えたのは、数学で表現できるような厳密な「秩序化=法則化」であった。したがってそこでの「探索」も数量化できる検出による「探索」に限定されていることである。

第三の軸はすなわち、三〇〇〇年の西洋文明の中で、科学が勃興し、定着し、過剰で外にあふれでたという流れをどう理解するか、ということである。新興文化業界である「科学」が、倫理、教養、教育など広い社会の従来の勢力とどう絡んだか、そこにおける市民を意識した論争、啓蒙、同調といったことに関わる。21世紀初頭の今日、科学はすでに西洋文明の枠はもちろん、個別的な文化・文明の枠を脱した巨大な存在に転化した。したがって「知識」をめぐる問題状況は、見掛け上は20世紀ヨーロッパの状況からは変質したとも言える。しかし、科学を中心にみた思潮は明らかにヨーロッパ産であり、マッハが他の文化界と対話したように、文明間の対話にマッハを想起さるべきである。

文理融合の学問を求めて——エクスナー

出生順にいうとマッハ、ボルツマン、エクスナー、プランクとなる4人をまず上の三つの座標軸で位置づけてみよう。エクスナーの演説は学長就任演説のためもあってか題名が「科学と人文学における法則について」であり、物理学の成果の手法を他に広げようとするものである。その背景には19世紀初頭の中欧啓蒙時代の巨頭アレキサンダー・フンボルトの学的伝統のなかに自分を位置づけようという意図がある。

物理学でかくも秩序の記述に成功しているのに、歴史法則ではうまくいかない理由は何故か？　エクスナーの問いの基点はここだ。そして根本に非決定論を置いた上で、統計学の「大数の法則」と関連させて、事象の少ない歴史と事象の多い物理現象の間には差が出てくる、と言う。古典力学の決定論的法則の背後に無秩序を見るというもので、分子無秩序から大数の法則で熱力学秩序を導いたボルツマンの成功を拡大し、物理事象と人文事象に統一的な視点を作ろうとしたわけだ。ここには「秩序」を捉える方法についての自由な開放感がある。この開放感の背後には、当時の知的世界を重く支配していたカントの因果関係に関するカテゴリー論があった。形而上学とフェテシズムを排する経験哲学をてこにして、この重圧から解放したマッハの先進性なかに、エクスナーは自分の自由な知的冒険を位置づけるのである。法則は「存在」に聞けという態度ではない。ここには芸術にも通じる、術としての科学と文化に共通な創造性に「知識」を見ようという傾向がある。

フランツ・エクスナー
(Franz Serafin Exner, 1849–1926)

自由人——マッハ

マッハは、法則とは本来的に「存在」しているわけではなく、経験を尊重して（実験を尊重して）「秩序」を求める人間が構成する新しい時代の「知識」である、と主張する。そういう新興「科学」のイデオローグとして、マッハはドイツ語圏にそびえ立った。彼の科学史「三部作」著作は、科学とは、人間の自然との格闘による創作だという観点で貫かれている。「創作」というと現実世界を無視するようだがそうではなく、実証主義とはあくまでも実験・実証が出発点であって、その「秩序」化は人間の創作であり、その「秩序化」の格闘が科学史である。科学の進展は人間の歴史だと彼は言いたいのである。思惟経済と呼ばれる「秩序」観の具体的姿は（そこから演繹できる）簡明な基礎を問い詰めることであり、あいまいさなく伝達可能なために数学的に表現されているべき、というものだ。一見、オッカムの剃刀にも通ずる。真理に比べると思惟経済は詰めの甘い知識を連想させるが、彼の著作での頑強な批判精神がプランクやアインシュタインをはじめとする青年を科学に惹きつけたように、「経済的」とは数少ない数理的法則への還元論でもある。法則の根拠に人間を置くマッハは、「存在」に法則をみる陣営が、それを神の法則としてしまい思考停止する中途半端さを批判しているのだ。

専門科学界の守護神——プランク(2)

プランクも、その後にドイツの学術界全体の重鎮の途に押し上げられていく点はエクスナーと似ている。しかし、彼の場合は、第一次大戦前後の悲劇的なドイツの歴史の中で他動的に起こったことであり、彼自身はフンボルトのような広範な学問論への大きな意欲があった訳でもなく、ましてや学術界での権力を志向するという野望のかけらもない人物だった。

プランクは、「秩序」の根拠を「存在」から外すことに科学精神の危機を見た。そして「知識」界の中で科学界の防衛に転じたのである。こういう「防衛」意識は科学が権威を確立したという認識が基礎にあって生じたものであり、その点、新興業界としての科学の野人として縦横に批判精神を発揮したマッハの精神的態度と差があり、その多くは時代の違いに帰せられるべきものであろう。一九〇八年頃から彼が学長を務める大戦前にかけて、プランクがマッハ批判を眼目とする科学論を語った大きな動機は、世紀転換期に若者に広がった思想流動状況の一角にマッハという物理学者が含まれていることを、教育者として許せなかったということであろう。

マックス・プランク（Max Planck, 1858–1947）とその家族（1900年頃）

マッハはかつてプランク自身を物理学に導いた師であったが、マッハの批判の矢はプランクの考える科学の価値をも覆すと危機感を持ったのである。確かに世紀転換期にマッハの著作やその影響はアクティブに作用していた。もっとも生身のマッハが旺盛に行動していたのは一八七〇年代から九〇年代のことであり、一八九八年に一度病に倒れ息子の家庭に引き取られて暮らす状態であった。

力学の統計——ボルツマン

最後のボルツマンであるが、原子世界が明白になった20世紀初めからは、熱力学をめぐって反原子論者と戦った闘士として称えられる場合が多い。その意味では、この論争が時空的「存在」の真否をめぐる論争のように描かれるのは正しくない。また実際にボルツマンと論争したオストワルドらとマッハを一緒にすることも、史実として間違いである。ボルツマンとオストワルドは、一八九一年にある学会で聴衆の面前で大論争をしている。マッハはオッカムの剃刀でそぎ落とす態度だったから、あえて、不要なもの（つまり原子とそれを論じたボルツマンの説）には言及していない。しかしオストワルドの方も、この天下周知のマッハの見解へ同調したのだから、反ボルツマン派の巨頭にマッハが擬せられていたのは事実である。

何れにせよボルツマンという人物は、アメリカではまだ西部開拓時代だった一八七七年に、中欧からカリフォルニアまで旅するなど行動的な人だった。彼の業績の評価が高まるにつれて、実証主義陣営からの「幼稚な機械論者」という批判がボルツマンの精神の安定に影響したのかも知れないが、それは一八九〇年代に入ってのことである。エントロピーを状態数の対数で表すいわゆるボルツマンの公式やボルツマンの定数などは、一九〇〇年ごろにプランクによって彼の一八七七年頃の理論を整理して提示されたものである。ボルツマンは一九〇六年に自殺したが、その数年前からはウィーン大学で物理と哲学を講じて大人気を博する状態で、こうした彼の人気を聞きつけて皇帝が彼を宮殿に招待するほどだった。始まったばかりのノーベル賞にも推薦されている。だから「失意の中で自殺し、後に原子論が証明された」と、悲劇の戦士のように描くのは史実に反する。確かにボルツマンが基礎にした意味での分子論の明快な実験は（アインシュタインの理論を経て）ペランのブラウン運動の実験まで、すなわち一九〇八年ごろまで下るが、世紀末のX線などの思わぬ実験的発見もあって、二〇世紀初めには原子は常識に転じていたのだ。（「原子」が確定する前の「分子」という言葉は原子の結合体という意味ではなく〝粒子〟というような意味に使われている。エネルゲティークと間での論争点はこの（力学法則に従う）〝粒子〟＝分子の存否であった。原子＝元素という意味ではない。その意味で「分子」と言う言葉が主に使われたペランの確認はこの〝粒子〟性である。彼はこれでノーベル賞を受賞した。）

情報の学問

原子説の成功を受けてのボルツマンが示した展望は、「存在」自体にあるのではなく、力学的統計的方法を様々な対象に拡張して「秩序」を捉える数理的方法についての自信である。これは、今日の社会現象や金融現象といった複雑系を数理科学の対象とする態度の嚆矢といえる。ボルツマンは言う。「われわれの事物に対する観念は事物の性質と同一ではない」ある一側面の記述である。「われわれは多くの現象が結びついていることを例示するため、あるいは未知のことを予想するためにある側面の見方を構築するのである」この一面性が人間の内面や倫理のはたらきにも抵触せずに物理学と共存できるのである。これが彼の態度であった。

エントロピーはもともと蒸気機関の効率の研究の原理的考察からクラウジウスが導入したものであり（一八六五年）、その後、化学反応の分野にも多くの展開を見た。エネルギーのような存在論的実体と考えられたものでもあるが、ボルツマンは、それに情報学的転換を与えた。このことは一九五〇年代になって情報通信のなかでシャノンのエントロピーが登場したことで明白になった。

ボルツマンの議論で飛び出した「場合の数」というのは現にそこにある存在の量ではない。現実には「可能な場合」の一つなはずである。また「可能な」とは認識者の関心によって設定された範囲で（それ以上絞れない）「可能な場合」という意味である。情報とは認識者の関心に相対的なものである。関心による粗い区分で現にある一つを分類しているとも言える。情報論には必ずこの「誰にとっての情報」という認識者が登場するので実在論はその客観性を攻撃する。しかし量子力学で蒸し返されているのはまさにこの認識者の再来なのである。

一元論主義——オストワルド

ボルツマンと論争したオストワルドは一九〇九年にはノーベル化学賞を受賞し、物理化学の創始者としてアレニウスやファント・ホッフらと学会誌を創刊し、モルという単位を導入して国際的な単位系の調整に行動し、科学哲学の専門誌を創刊し、エスペラント運動で国際平和運動に取り組み、科学の古典叢書（オストワルド・クラッシクス）を編纂して科学教育に情熱を注ぎ、旺盛な執筆活動をし、……という具合に、大科学者の道を歩んだ。原子論に反対したことは、彼の業績、統一論的科学にとって何のマイナス材料にもならなかった。

彼のエネルギー主義はエネルギー一元論であり、その保存則は因果関係の保証であった。「物体は諸種のエネルギーの空間的に秩序だったグルーピング」であり、粒子説は「便利な方法上のフィクション」に過ぎなかった。熱を含む古典物理の成功が逆に可逆的力学をエネルギーの非可逆過程の特殊な近似過程と見なす逆転の発想を生んでいたのである。反原子説を唱えたと言う点ではマッハと一緒に括れるが、彼の哲学は一面では粗雑な唯物論と批判されることもある。例えば放射をエネルギーと見るからエーテルを不要としていることは後から見ると「正解」である。また、相対論以後は、質量もエネルギーであり、現代の素粒子は、粒子ではなく、固定形のない場のエネルギーだからオストワルドの言い方は原子の先を行っていたとも言える。

プランクのマッハ批判の文章「物理世界の統一性」にこういう文章がある。(4)「ターレス、オストワルド、ヘルツは各々、水、エネルギー、最小経路原理を物理世界（事実を結びつけ説明を見出す）の中心においた」ここではオストワルドはマッハとは別に位置づけられている。こういう「原理」を重視するプランクに対してマッハはそれらをドグマとして排する。「原子の発見」は高校教育レベルでも大事な科学史物語なので敵味方に単純化した語りが多くなるが、史実は相当違うものである。

オストワルドは物理学がまだ自然哲学あるいは厳密哲学であった時代、すなわちマッハやピエール・デューエムの時代の科学者であり、現場の科学での発想をヒントに気宇壮大な世界観を語ることに情熱を注いだ。カントのカテゴリー規範に代えて、「あなたのエネルギーを無駄にするな」というエネルギー規範を市民の間に広めたりした。一九〇六年には汎神論的なドイツ・モニスト同盟（一元論）を組織した。「戦争はエネルギーの無駄」と言う平和主義者ではあったが、第一次大戦が始まると愛国的に行動した。エントロピー法則を基本としつつも、それが予想する宇宙の熱的死はあくまで認めない、ポジティブ志向の人だった。

個体発生は系統発生を繰り返すといったヘッケルや、物理的なものも心理的なものもすべてエネルギーの量的不滅と質的変化によって説明するオストワルドらによって、自然科学と倫理との一体性を説く一元論（モニスト）は、自然科学者を倫理の世界へ誘う啓蒙運動となった。こういうカリスマ的科学者を中心とした啓蒙運動に対して、学問から倫理は導出せずという価値自由の論理で批判したのが、かのマックス・ウェーバーであった。

再び大教授エクスナー(3)

これまで挙げた4人の物理学者は、いずれも中欧ドイツ語圏であるが、プランク以外は皆オーストリアの人であり、対応する世代のドイツの人物となると、ヘルムホルツ、キルヒホッフが挙げられよう。これらの人物群の中では、今となっては、エクスナーの名が一番知られていないが、一九二九年にシュレーディンガーはベルリン大学教授の就任講演を次のように切り出している。

「量子力学の進展は、誰も名をあげてないが、エクスナーの考えが科学的興味の焦点に浮かび上がったことを意味する」「エクスナーは自然の非因果性が持っている可能性と利用法を指摘した最初の人である」ポアンカレ（のカオス）が示すように「現象が完全に因果的か否かということを決定できる経験事実など現実には想像できないのであって、出来ることはせいぜい観測されたことの調査にはある概念、別のものには別の概念が許されるということだけである(1)」

シュレーディンガーも認めているように、当時にあってもエクスナーの非因果思想や統計的法則観についてはあまり知られてはいなかった。しかしそれは、シュレーディンガーが入学する直前に自殺したボルツマンの物理学の手法にも見られるように、ウイーン大学の物理学科を包む風潮であった。シュレーディンガーは大学では初め気象学を勉強、大戦に召集されてこの方面で働いたが、第一次大戦後はエクスナー研究室の助手として学生実験の授業を担当していた。気象の流体力学とデータの統計処理からシュレーディンガーのキャリアーは出発したのだった。

エクスナーは光学や放射線などの実験を幅広く行っていた。エクスナーは若い頃にはドイツに留学し、クントのもとでレントゲンと一緒に学んだ間柄であった。ロシュミットの後任でウイーン大学の教授になった。一八九五年に新聞に発表されて世間で話題になったX線で取った手のひらの透視写真は、レントゲンがエクスナーに個人的に送ってきた写真が新聞に紹介されたものだった。一九二九年に宇宙線の発見でノーベル賞を受賞するヴィクトール・ヘスも、他の大学を出てウイーンのラジューム研究所に就職し、ウイーン大学のエクスナー研究室に出入りし、当時研究室のひとつのテーマだった大気イオン化に興味を持ったのがこの発見につながった(一九一一—一二年)。また揺らぎの理論で有名になるスモルコフスキーもこの研究室にいた。ブラウン運動と並んで、放射性崩壊の平均寿命を理論的に意味づけることなどが研究室の課題だった。

このように、一九二〇—三〇年代の中欧の大学の教授のポストの二〇以上をエクスナーの弟子が占

ウイーンのコーヒーハウスで談笑するウイーンの学者たち。右端がフランツ・エクスナー。1914年頃。

めていた、といわれる程に多くの人材を育てた大教授であった。セミナーやティー・タイム、夕食後に彼の家に集まって開かれる団欒の場でも、話題が広く、魅力溢れる語り手に、俊英たちは引き付けられたという。

学者の一家(3)

日本の学者の世界でも、湯川秀樹の兄弟四人が京大と東大の教授であったことは有名だが、同じような学者一族は世界にいくつかある。チャールス・ダーウィンの子供一族も有名だが、じつはこのエクスナー一族も、三代にわたり多くの学者を輩出した一族として有名である。初代は哲学者でプラハの教授であったが、帝国全士の教育改革を行った文部官僚でもあった。その息子四人と娘の夫の合わせて五人がウィーン大学教授で、うち長男のアドルフ（法学者）と四男のフランツが学長になっている。三代目にあたる彼らの息子の代にも学者が多く、そのうちの一人が「ミツバチの言語」で一九七三年にノーベル生理学・医学賞を受賞したカール・フォン・フリッシュである。この年の共同受賞者は他にコンラート・ローレンツ、ニコ・ティンバーゲンの三人で、受賞理由は「個体行動および社会的行動の様式の組織化と誘発に関する発見」というもので、従来の「生理学・医学」賞では珍しい分野である。

ともかくこの物理学者フランツ・エクスナーは、ウィーン学術界に君臨した「エクスナー一族」の一人であり、広大なオーストリア・ハンガリー帝国の新興知的エリート階級としての度量と矜持とを持ち合わせていた。分野を超えた教授陣やウィーンの文化界との広い交流のなかで生活し、また彼らの妻たちも自立した女性でクリムトなどと親交のある美術運動を展開していた。いわゆる「世紀末ウィーン文化」を演じた人々である。

この点で、同じ中欧の帝国ながらベルリンとウィーンの大学人の気質には差があった。ウィーンでは広くドグマからの解放を旗印にし、コーヒーハウスなどの開放的空間で新興知識階層と交流し、同調者や崇拝者を生み出していた。ドイツではアカデミズムは専門家集団として特権化し、大量の新興知識層はカリスマ人物の周りの多くのクライス（サークル）やブンド（盟約）として組織化されていた。ドイツの大学への留学者が多かった日本へはドイツの教授文化が移入されたわけである。

非決定論思潮

さて、ボルツマン—エクスナー—シュレーディンガーに繋がるウィーン物理の非決定論、統計的法則の系譜に何に求めるべきか。筆者は、次の三つをあげたい。

第一には、ウィーン物理学は、気体分子運動論からエントロピー増大則を導く議論の中心地であったことだ。ボルツマンとロシュミットの激論も含めて、彼らは議論を先導した。もちろん、アメリカではそれとは独立にギブスの研究があり、また最後の仕上げがドイツのプランクによって行われたことも事実である。しかし、同じ自然現象を力学と熱力学それぞれの記述レベルで複数化するという飛躍は「力学法則自体を一つの記述レベルの法則として捉える」という発想を生むきっかけとなった。エクスナーにはそういうかたちで継承されている。

ウィーン大学でエクスナーの助手だった頃のシュレーディンガー。1919年。

第二には実験での測定データの処理をめぐる問題であった。特に一九〇二年のラザフォードらによる放射性元素の崩壊則をめぐって、ランダム事象の頻度分布としての確率をめぐる議論が深化した。一般に科学を実証主義的に捉える気風の中では、データ処理をめぐる議論は、実在論的立場に立つ場合よりも熱が入った。

第三には、眼前の複雑な現象を前にしていると、「力学＝厳密科学」が「科学＝学問の根幹」であるという言辞が揺らいでいく、ということである。眼前の現象と厳密な理論との落差が大きすぎたのである。ここに、オスワルド・シュペングラーの『西洋の没落』のような主張が世間に浸透していく背景があった。その上、古代ギリシャ以来の簡明な原理を引き継いでいる科学に対する攻撃もあった。そうした中で、硬直した科学のイメージを払拭するためにも科学自体の柔軟な姿勢を打ち出す必要があったのである。現代風に言えば「複雑系の科学」のようなものの可能性を世間に対して提示することで、一見科学の手に負えない問題にも挑戦しようとする姿勢が彼らにあった、ということだ。

ニュートン力学が紡ぎだす決定論イデオロギーに対しては、人間の自由意志はどうなるんだ？というかたちで機械的世界像に対する批判が存在していた。そこに量子力学の観測では結果は非決定論の確率であるとなったことで、早速に自由意志は量子力学で基礎付けられたとするような議論が現れた。創業者のひとりヨルダンがこういう主張をした。しかしこの問題は人間の倫理問題と物質過程を混同して非倫理的行為を助長する論理として使われるだけである。シュレーディンガーが、哲学者エルンスト・カッシラーの反ヨルダンの論説を引用して、厳しくこの考えを批判している。「科学とヒュー

マニズム」と題した講演である。ナチスの惨禍がまだ燻っている時代である。(5)

第8章　湯川秀樹にとっての量子力学

湯川の世界一周

二〇〇六年は朝永振一郎、二〇〇七年は湯川秀樹の生誕百年の記念の年であった。二人はともに京都の地で成長し、京都大学物理学科への入学時はちょうどハイゼンベルグ、シュレーディンガーの量子力学誕生の時期であった。彼らは量子力学を自分の力で学んで原子世界探求の最前線に立った[1]。

一九三九年は湯川秀樹が「世界のユカワ」に飛躍した年だった。一九三五年に発表した中間子論で湯川が予言した質量をもつ新素粒子が、一九三七年、宇宙線の観測で発見された。一九三九年の四月には、さっそく同年秋のソルベイ会議への招待状を受け取った。

その四月に京都帝国大学教授に就任したばかりの湯川は初めての外国旅行に出発した。(2)(3) 六月三〇日に神戸を出航し八月二日にはナポリに上陸して陸路ドイツにむかった。この時、京都大学でともに量子力学の途を目指していた朝永振一郎は、ハイゼンベルグのもとに留学していた。二人は久しぶりにヨーロッパで再会し、ライプツィヒも訪れるが、ハイゼンベルグはあいにく夏期休暇中で、湯川は会えなかった。ちょうどその一〇年前、湯川と朝永が大学を卒業して研究者のみちを目指して踏み出した一九二九年に、ハイゼンベルグとディラックが日本を訪問していた。また一九三四年にはボーアも日本を訪問していた。一九二七年版量子力学の推進者であったボーアの研究所で長く研究していた仁科芳雄が一九二八年には日本に帰国していた。このように、量子力学誕生の息吹は、通信手段も交通手段も今とは比較にならない昭和の初めの時代にあっても、日本に遅滞なく届き、まだ駆け出しの物理学者であった湯川、朝永に大きな影響を与えたのであった。

湯川と朝永がドイツで久しぶりの再会を果たしたこの頃、ヨーロッパは、一九三三年にドイツの政権についたナチスの強引な外交政策によって、風雲急を告げていた。そして一九三九年九月一日、ドイツ軍はポーランドに侵攻し中部ヨーロッパは戦争状態となった。湯川が出席を予定していたソルベイ会議も、あわせて招待されていたドイツ物理学会などもすべて中止となり、日本政府はこの地域の在留邦人に退避勧告を発して、九月四日に帰還船はベルゲン港からヨーロッパを後にした。この政治状況の変化に翻弄され、湯川のヨーロッパ初訪問も短時間で打ち切られ、朝永も留学を中断された。

1939年10月、サンフランシスコから日本に向かう航路の途中に立ち寄ったハワイでの湯川秀樹（左から二人目）、湯川の右が野依金城と鈴子夫妻。野依夫妻は野依良治氏の両親である。

二人をはじめ、中央ヨーロッパからの帰還者を満載した靖国丸はまず大西洋をこえ、一四日にはニューヨークに到着。朝永はそのまま乗船してパナマ運河を越えて日本に直行した。ただし、湯川を含む一部の帰還者は上陸し、陸路大陸を横断して約1ヶ月後の一〇月一三日にサンフランシスコで鎌倉丸に乗船し、一〇月二八日に日本に帰国した。湯川の初めての外国旅行は世界一周の大旅行で終わった。

「アメリカ日記」(2)

国際情勢に翻弄された旅であったが、初めての外国旅行で遭遇したこの偶然の米国訪問の機会を三二才の新人帝大教授湯川は積極的に活用している。もともと彼の旅行計画にアメリカ訪問はなかった。ヨーロッパへの往路はインド洋からスエズ運河をへて地中海に至るもので、帰路もその道を逆に辿るよう計画されていたからである。しかし、突然訪れたアメリカ横断を、湯川は世界の名だたる物理学者との面会に結びつけた。欧州大戦勃発でふいに訪れた機会だから、予めて書面でアポイントメントを取ってあるような話ではない。船中で知り合った若い商社員などの助けも借りて、まずニューヨーク近郊のコロンビア大学とプリンストン大学の物理学者に電話で面会を申し入れる。想像するに、それ以後の他の大学を訪問する際には、順々に世話してくれる人が各大学にいたのでないかと思うが、限られた期間内にじつに効率よく東から西に向かって移動している。

湯川は後にこの時の訪問記を「アメリカ日記」[2]として発表している。それによると、コロンビア大学でフェルミ、ラビ、スターン、ノーザイク、ユーリー、シラード、プリンストン大学でアインシュタイン、ウィグナー、ホイラー、ノイマン、ホワイト、ラーデンブルグ、ジョージワシントン大学でチューーブ、ガモフ、テラー、ハーバード大学でヴァン・ブレック、ファーリー、ストリート、ケンブル、マチューーセッツ工科大でスレイター、モーズ、シカゴ大でロッシ、コンプトン、デンプスター、ミシガン大でラポルテ、ウーレンベック、ハウシュミット、クライン、カリフォルニア工科大でネッダーマイヤー、アンダーソン、バークレーのカリフォルニア大でオッペンハイマー、ローレンス、シッフ、クサカ、ボーデ、といった人々に、面会している。

アインシュタインやオッペンハイマーといった著名人以外は一般にはあまり知られていない名前かも知れないが、この「名簿」は物理学の専門家からみれば錚々たるものである。当時は、ナチスの支配を逃れたヨーロッパのユダヤ人科学者の亡命もあって、アインシュタインやフェルミのように著名な研究者がアメリカに集結していたことも、この名簿を最高のものにしている。湯川自身のこの大胆不敵な実行力に驚くのもさることながら、これだけの人物が次々と湯川の前に現れたということは、逆にいえば、それだけ世界の物理学者がユカワという人物を見たいと思ったということであろう。それまで無名であった、しかも日本人科学者という物珍しさも、「会って見たい」という気にさせた一因であろう。いずれにしても、わずか数年前までは、量子力学とその後の場の量子論、原子核物理の世界の進展を文献によってのみ必死に追いかけていた極東の若者が、世界の科学者の仲間入りを果たした瞬間であった。この旅行は湯川に大きな自信を与えた。

アインシュタインとの対話

このとき訪れたアインシュタインを湯川が描いた部分が面白い。湯川は九月二一日、二二日の二回ニューヨークからプリンストンに赴き、二回目はそこからワシントンに行っている。朝早く、ペンシ

左からアインシュタイン、湯川、ホイラー、1948年頃、プリンストンで。
本文中にあるように、これより10年近く前の1939年に、突然訪れた湯川をホイラーがアインシュタインのもとに連れて行っている。

ルバニア駅からプリンストンに向かい、昼食を済ませた後、ファイン・フォールに行き物理学科の准教授であったホイラーの研究室を訪ねる。ホイラーは「アインシュタイン、フォン・ノイマン、ヴァイル、ウィグナーに」電話をしてくれた。本題から逸れるが20世紀の知的巨人が当時はこの辺りに凝縮していることにも驚かされる。自宅にいたアインシュタインにすぐ会うことになりマーサ・ストリートの家に行くと先客がいたがその人は退出して直ぐに会えた、と湯川は書いている。

「Einstein の風貌は写真で見た通りであるが大分老境に入ったように見える。Prof. Okaya の事や、日本へ来た時の思い出などを聞く。彼に相対性理論と量子力学との関係を聞くと彼は相変わらず後者が incompletely described picture に過ぎぬという。例えば dynamics から acceleration と言う概念を去り position と velocity だけを考えると、statistical law しか得られない、などと語る。何だか遠い昔の世界へ引戻されたような不思議な気持ちになる。しかしその眼には何ともいえない親しみ深みがある。[2]」

短い文章ではあるが本書の主題との関係で興味深い内容が凝縮されている。湯川が後に書いた「欧米紀行」と題した別の文章にも「写真で見ていた通りの温顔に白髪を頂き、しばらく老境に入った感がある。併し今も尚現在の量子論は不完全で、これに代わるべき正しい連続的な理論が存在することを信じているようであった[3]」と述べているが、要するに、湯川はアインシュタインを「過去の人」として扱っているのである。

量子力学不信

この短文は、次の三つの意味で非常に興味深い。湯川はまず、アインシュタインの量子力学への不満を引き出している。たしかに一九三五年のEPR論文はここプリンストン産であったし、このときの面会は、その四年後である。

もっとも、湯川が「相対性理論と量子力学の関係」についての質問で何を期待したかのかには不明確な点がある。なぜなら当時の研究の最前線では、（後に朝永らがその解決に貢献することになる）場の量子論の「発散の困難」が、焦眉の課題として浮上していた。これは、一九二七年版量子力学を肯定した上で、それで相対論的場を扱う際に発生した難問であった。しかし、アインシュタインはこの新難問については何の見解も発表していなかった。彼は一九二七年版量子力学そのものに異議を唱えていたわけである。もしかしたら湯川は、この新難問を想定して質問したのかも知れないが、アインシュタインはこの質問をEPR問題での超光速的な作用のパラドックスの意味に受け取って「そのものへの異議」をぶつけた形になっている。そしてこの会見記録全体は〝はじめから〟アインシュタインの量子力学不信を聞いた様に纏められている。アインシュタインの当時のメンタリティーを知る上でも第一級の科学史的記録と思う。

第二にアインシュタインの不信の表明の仕方がユニークである。彼が量子力学を「統計理論にすぎない」と見ていたのは有名な話だが、ここにもう一つ「dynamics から acceleration と言う概念を去り position と velocity だけを考える」(2) 理論だと不満を表明している。古典力学と量子力学を比較する際、「加速度という概念を去り」という言辞は今日あまり耳にしない。これについては、すぐ後で論じる。

第三に、この文章の結末がまた、湯川の当時のメンタリティーを表現していて面白い。「遠い昔の世界へ引戻されたような不思議な気持ちになる」とは、若干32歳の湯川が圧倒的な量子力学の時代に中に、主役の一人として登場しつつある世の勢いとの違和感を表明しているのである。〝もうそんな時代でないのにこの老人はまだこんな不満を述べている〟という気持ちがあるから最後が「しかしその眼には何ともいえない親しみ深みがある」となるのである。前段がネガティブだからこそ「しかし」とくるのである。

量子力学の適用が物理学でいっせいに拡大する中では、いくら著者が大物でもEPR論文は学界の主題ではなかった。したがって、当時、湯川がEPR論文を知っていたかどうかは定かではない。ただ、その後、第二次大戦直後に「観測理論」の解説を雑誌「自然」に連載した際には、シュレーディンガーの猫と並んで、EPRも参考文献つきで解説している[4]。

解析力学経由で量子力学へ

さて前述のように、現在、古典力学と量子力学の差を語るとき、加速度が引き合いに出されることはない。しかし、確かに量子力学には運動方程式が登場しないから、原初的なニュートン力学における、「質量」×「加速度」＝「力」という関係は姿を消している。だからアインシュタインが「加速度を消去して」といったのは「力を消去して」と読み替えてもいい。ヨーロッパ語では力という言葉は様々な意味合いを内包する強い言葉である。ある場合には、原因や因果関係と同義に使われることもあり「神話」の残滓とされる。

第4章で述べたように量子力学へ接続する古典力学は解析力学である。数学が厳密科学の模範と崇められた時代の雰囲気の中で、力学も高度な形式へ整備されたが、解析力学は自然から何も新しく組み入れていないとも言える。しかしこの形式は電磁場の力学観を可能にし、また一九世紀末から発掘された珍現象を基礎に量子力学に導く上で解析力学の抽象化された概念が大きな役割を果たした。この段階で対象自体が力を受けて軌道を描くというイメージは消滅したのである。「因果」の根拠を運動方程式に見立てるなら、その見方は崩壊していると言える。どうなったかというと解析力学は、「因果」の根拠を示すのではなく、「状態」と「状態」を繋ぐ変換理論となったのである。「状態」と「状態」の間、つまり軌道は主な関心ではない。むしろ「状態」の規定に幅を持たせれば繋ぎ方が1対1でない対応関係が必要になる。こういう解析力学の力学観の転換の上にヒルベルト空間に飛躍できたのである。

そもそもmechanicsの「力学」という翻訳語自体が、日本人の物理観を存在論に縛り過ぎていると筆者は考える。「メカ」の原義は「仕掛け」、つまり操作する「仕掛け」なのである。操作で操られる要素のつながり具合がメカニクスである。その「仕掛け」の端末には自然物もつなげれば、人工物も「文章」もつなげる。この際大事なのは「真実はどっちか？」ではなく、一度そういう気になって硬くなった自分の頭を揉み解してみることであると筆者は考える。

量子力学の最前線に追いつく

一九〇七年生まれの湯川（一九三二年、湯川スミと結婚するまでは小川姓）はアインシュタインを経由しないで物理学に近づいた世代である。湯川自身、一九二二年のアインシュタインの訪日騒ぎの記憶も定かでないと回想しているくらいで、むしろ、京都大学への入学時に留学から帰国した若い物理学者からヨーロッパでの量子力学動向を聞いたのが、その後の途を決めるのに大きく影響した。一年生の時にマックス・ボルンの「原子力学の諸問題」をドイツ語で読んで、その後は原論文に手を出したようだ。学部二年生の時にシュレーディンガーの論文集（一九二七年発行）を海外に注文して買って読み始める。同級生の朝永振一郎はこの湯川の突出振りに刺激されたと回想している。3年生の時にはディラックの相対論電子論の論文を勉強し卒業論文を書いている。まさに、物理学の最新前線に学部学生が迫っているのである。当時は教師の誰もこれを勉強してないのだ。今の学部学生のレベル

京都大学物理学科の玉城嘉十郎教授の研究室員。1930 年頃（?）前列右端が朝永、一人おいて湯川、一人おいて玉城、左端が西田

と比較すると愕然とくる。

卒業（一九二九年三月）の後、朝永と一緒に玉城研究室に残って勉強し、3年後には大学で量子力学の講義をするまでになった。玉城研究室にすすんだとき、やはり量子力学を自習している先輩には哲学者西田幾多郎の長男の外彦がいた。

勉強する中で、湯川と朝永が当惑したのは、波動関数が実空間上のものでなく座標空間（第4章に述べた配位空間）のものになってしまうことだった。朝永振一郎は書いている。

「湯川さんは、座標空間のなかの波なんていう考え方はどうも気にくわないという見解をかねがね持っていたらしく、やはり電子波というのは三次元空間の中の波と考えるべきだと思っていたようです。私にはどっちだかよくわからなかった」(5)しかしこの頃にクライン・ヨルダンの第二量子化論文が出て「これでいいんだ、これでいいんだ」と湯川は満足したと言う。場には必ず空間の足（添え字）が付いているので、その〝関数の関数〟である波動関数も時空上のものだと。これは量子力学一般よりは実在の量子場に完全に関心が集中したことを意味し、素粒子の世界を拓く強みとなったと同時に、一般理論としてのこの理論を見る面では限界となったといえる。伏見—ウィグナー関数の業績という例外はあるが、日本の物理学界の量子力学理解はこの湯川の「納得」の線で来たといえる。

意外と国際的な日本

湯川が研究の再前線に参入したのは、一九三二年の中性子の発見から続く原子核の世界の解明の段階であった。一九三四年には中間子論を構想し、一九三五年に論文が雑誌に出版された。そして2年後、幸運にも、二次宇宙線の中に湯川の予想した質量の素粒子が発見され、湯川論文は一躍世界の注目を浴びた。湯川の提案した核力の中間子が一九四八年に発見されるまでには更なる中間子論の発展が必要であったが、ともかくユカワをめぐって素粒子物理学という新たな分野が創造された。こうした流れの中で本章冒頭の湯川の世界一周があったのである。

それにしても量子力学創造時直後の一九三〇年前後に、ラポルテ、ゾンマーフェルド、ハイゼンベルグ、ディラック、ボーア等、量子力学創造の主役たちが次々に来日していることには目を見張る。八年間もヨーロッパに留学していた仁科芳雄が相対論的場の量子論をつかった「クライン－仁科の公式」論文を一九二八年に発表して、米国を回って、日本に帰国した。こうした日本での量子力学受容のさまざまなエピソードは、朝永振一郎の『量子力学と私』などに詳しく記されている。(6)

もう一つ、湯川らを育てた当時の国際情勢の中での日本の位置である。湯川は高校生の時から初等物理を英語の教科書を買って勉強し、ライへやプランクのドイツ語本を買っている。わずか一九歳の学生がこうした本を購入したり、最新のシュレーディンガー論文集を一学生がポケットマネーで買うことが出来たのは、日本がこの時期、第一次大戦連合国側の戦勝国であり、経済的には円高であったことにも一因がある。一九三三年には、ドイツではナチスが政権をとり、日本も中国問題で国際的に孤立して国際連盟脱退し、日独伊三国同盟（一九四〇年）へと向かう時代の前の日本には、国際的に開放的な時代があったのである。

「向こう側」からみる

物理学界における世界的な評価の高まりのなかで、湯川は、日本社会の著名人になり、学生や一般の人々に語りかける機会が増えた。湯川自身もそれに積極的に応えて多くの文章を執筆した。湯川が一九四一年に書いたものに「譬へ話」と題したシュレーディンガーの猫の随筆風の文章がある。「このたとえ（話し）を聞いて居ると、今までよく解っていたつもりの量子力学の根本思想が、かえってまた解らなくなって来たような気がするのである。今まで原子の世界だけを支配しており吾吾の生活に縁遠いと思っていた所謂「不確定性原理」が、急に猫の生死というような、吾々の身辺に近い現象とつながりを持って来たので面喰うのである」こうした不思議さは「観測」を「こちら側」からばかり見ているからで、一度「向こう側」へ行って、そこから「こちら側」を見直すことが必要である。二つの方向の見方がどう対応しているかを明らかにすることが必要である。「「心眼を開く」とは、少なくと科学者に取っては、そういうことなのである[7]」三四歳の新進教授らしい自負と節度をにじませた発言である。

時代は間もなく戦時体制に入るが、文化勲章を受賞するなど、ますます社会的存在感の増した湯川には文章執筆の依頼が多かったようで、「事実と法則」、「因果律」、「確率」、「観測」、「時間」……等

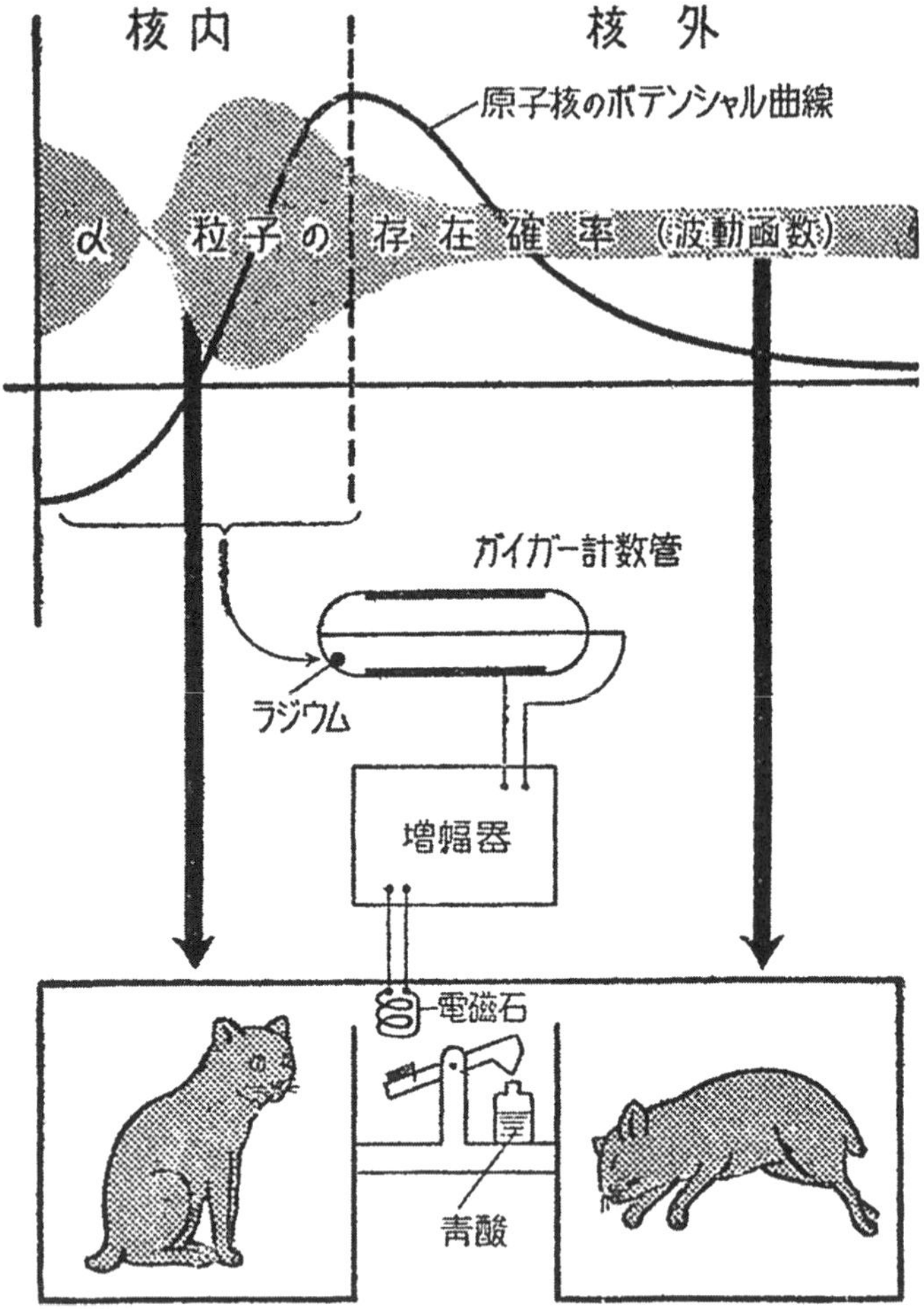

雑誌『自然』1948 年 3 月に掲載された湯川の「観測の理論 II」でのシュレーディンガーの猫の説明図。

の一般概念について、最新物理学からの考察を記しているが、量子力学に鋭く特化したものはない。いつも「しかし、あまり専門的になるからこの辺で打ち切ることにしよう」と、数式なしの解説の限界を感じてか、深入りは避けている。

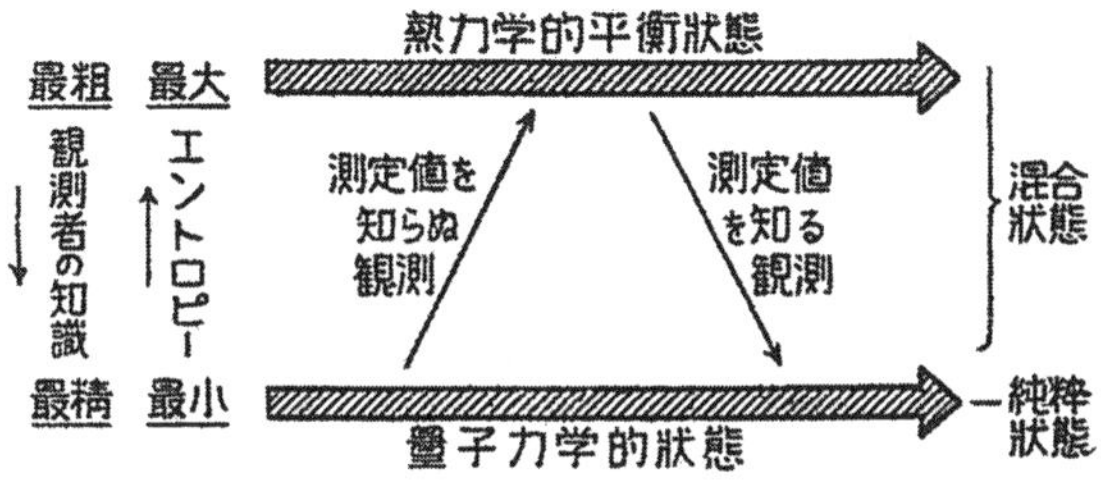

湯川の「観測の理論　III」に付された「観測と状態変化の関係」として付された説明図

「観測の理論」一九四七—四八年

ところがアジア太平洋戦争の終戦から一九四八年夏に渡米するまでの間に、量子力学の「観測の理論」と題する論考を発表している。一九四七年二月にそれまでの講義録をもとに『量子力学序説』（弘文社）という教科書を公刊しているが、この余録という性格のものであったかもしれない。とはいえ、そこでは相当に「深入りして」量子力学の難問を論じている。[4] 雑誌『自然』に3回に分けて連載された「観測の理論」の第I回では、「問題の概観」としてキルヒホッフやマッハの経験論とプランクの実在論にふれ、次の「微視世界の観測」で不確定性関係を説明している。第II回の前半「実在の問題」では

EPRが、後半「客観的偶然性」ではシュレーディンガーの猫が、参考文献付きで紹介されている。そして最後の第Ⅲ回では見出しは「時間の一方向性」、「人間的立場の二重性」と見出しが続き、そこで熱力学の第二法則からフォン・ノイマンの密度行列で定義される量子力学のエントロピーに話しが展開し、全体が情報学的様相を帯びて終わっている。ここでは、情報の問題を取り上げていた物理学者の渡辺　慧にも言及されている。

それにしても「人間的立場の二重性」という見出しは知的興味を掻き立てるものである。また第Ⅲ回に登場する概念の相関図（前頁の図）も、さまざまな考察が凝縮されているようで興味ある。

遠隔相関でないEPR

ところで、この連載での湯川のEPRの説明には、現在喧伝されている遠隔相関、局所的でないエンタングルメント、というこのパラドックスの特徴は抜け落ちている。電子で散乱された光子の観測をして情報を得る。電子にその後は手をかけず〝他の影響がないはずだから〟、電子の位置と運動量を正確に決定できる。それなのにその確定している「実在」を記述していない量子力学は不十分だ、という議論として紹介している。

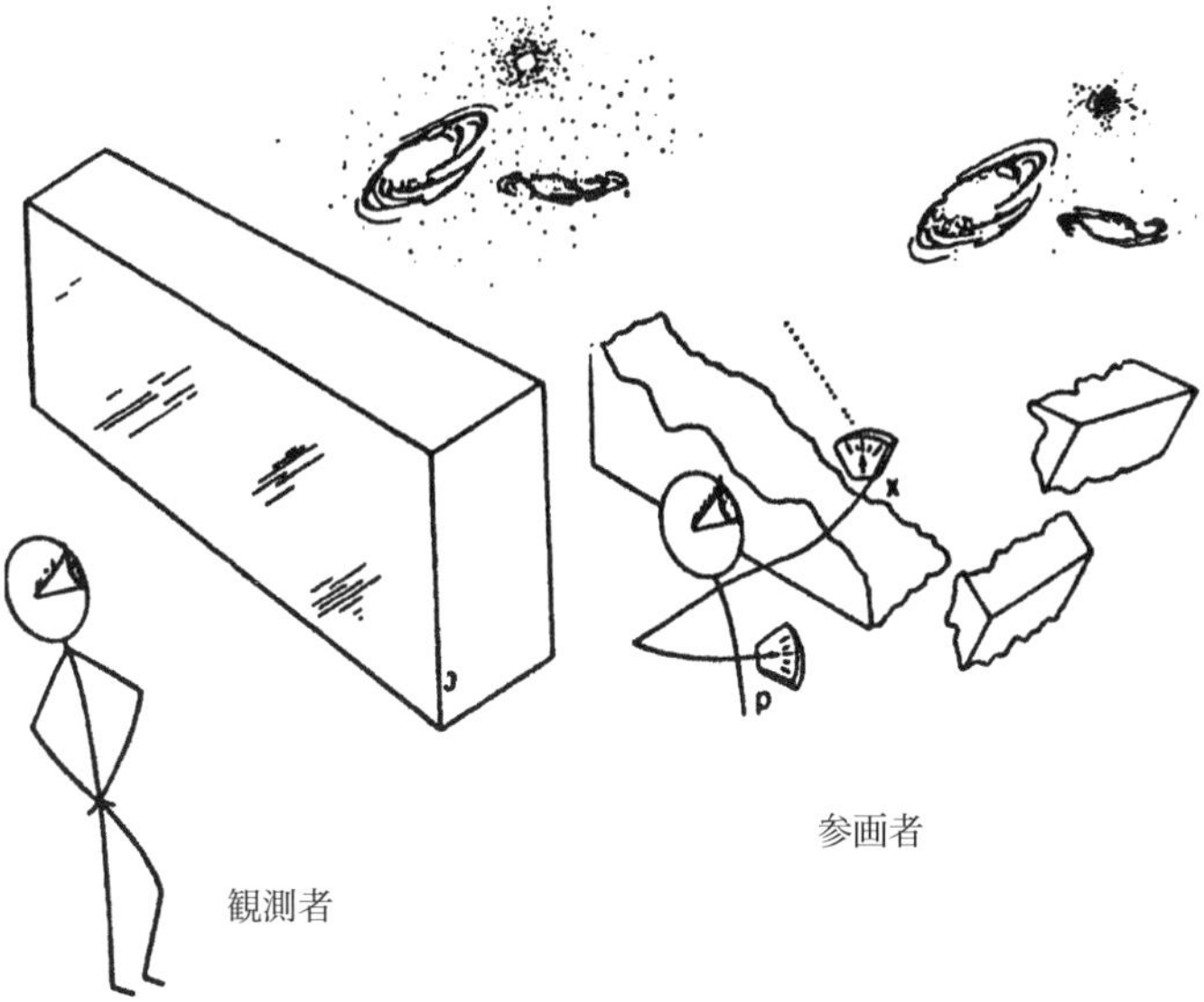

観測（測定）とは、傍観者的な観測者（obserber）ではなく、現象に参画して行う参画者（participater）と見なされる。ホイラー描く。

ＥＰＲのオリジナルモデルでは、全運動量ゼロにエンタングルした2体が十分離れてからの測定だから先方に〝影響ないはずなのに〟、確定した状態にあることを記述しない理論は不完全だ、という提示になっている。この〝影響ないはずなのに〟という訴えを、〝空間的〟にいうのが普通のＥＰＲなら、湯川流のは〝時間的〟（後は手をかけず）遠隔に訴えたとも言える。

初期のＥＰＲの論点は「非交換物理量でも確定値を観測で決められるのに、それを記述してないのは不完全」という部分が主戦場だった。ボーアの反論もそういう取り上げ方である。実在派が「決まっているはずのものを記述してない」と批判するのに対し、ボーアらは「観測」がホリズム的に事態を変えるのであってそれまでは値を持ってそこに居るのではないのだ、と対峙した。実在派が遠隔モデルを採用したのは「予め決まっているとする以外しょうがないでしょう」という状況を作るためであり、副次的な部分と見なす場合もあった。

いくつかの可換な演算子（物理量）の関数である演算子Fの観測値は個々の演算子の観測値の関数Fで求められる数値とは異なるという背理は、三体のスピンに関するＧＨＺ、マーミンのパラドックスなどが指摘されている。(8) これらが示すことは値を背負って観測されるのを待っている実在があるという見方を量子論は拒否していることである。その意味では「観測」とは実在の値を受動的に聞くことでなく、能動的に記述の事態を変えることであり、「観測」は受動的物理過程に解消はできないというのである。しかしそこに制御不可能な擾乱が混入して不可知論になるという不確定性関係の理解は間違いである。ホイラーは観測「傍観者」ではなく「参画者（paticiator）」であると表現している。

「人間的立場の二重性」

「観測」はあくまでもマクロな、あるいは人間の認知に放り込むことのできる形での情報にすることである。湯川はこの事態を「統計力学の調整」を経たものと表現している。それは古典力学化の意味だけでなく、フォン・ノイマンのエントロピー定義で登場する（純粋状態でない）混合状態の物理である。これが第一の身体性に起因する人間的立場である。そして第二の人間的立場は、第一の否定形のかたちで、次のように規定される。「統計力学の調整を経ない、なまの量子力学的記述とは、いわば人間が理性ばかりでなく、感性をも有し、眼その他の感覚器官の助けを借りて装置を知覚し、手の助けを借りてそれを組立てたり働かしたりするという事態から、感性的な要素を出来るだけ除去していった極限としての、純粋に理性的な立場に外ならぬ。この二つの立場を、かりにそれぞれ観測者、或いは実験家の立場、及び、思惟者、或いは理論家の立場と呼ぶことにしよう。それは又それぞれ実証主義的経験論的立場及び合理主義的実在論の立場と密接なつながりを持っている」[4]としている。もっとも、二つの立場を物理学の現場の「理論家」と「実験家」に対応させるのは誤解を招く。実際には理論上の「理論家」、理論上の「実験家」と解すべきであろう。

この二つの立場の規定の後に、実在論の立場から見れば人間の経験は限られたものに見えるが、「しかし後者を完全に排除してしまった結果として最後に残るのは、抽象的な記号の論理的数学的に矛盾ない諸関係と、自然的世界そのものとの間の予定調和的な整合だけであろう。それはライプニッツのモナドと宇宙との予定調和の如きものであるかも知れぬ。この整合を人間が実証しようとするならば、どうしても観測者としての中間的な立場に立たねばならぬ。古代的な自然哲学と区別される近代的な自然哲学が成立し得る理由もそこにあるのであろう(4)。」

そして次には実証論の立場だけだとマッハが原子で犯したような誤りを引き起こすとしている。そしてこの二つの立場は人間自身の二重性によるもので、経験科学が成立し、進歩していくために必要なものと論じている。またこの人間の二重性は真実在を可能的側面と現実的側面から照らし出しているのだ、としている。

「ひとつの法」

この時期、湯川はちょうど四〇歳ぐらい、いわゆる不惑の頃であったが、湯川が量子力学の観測問題にひっかけて吐露した彼の科学観をここに見る思いがする。結果的にはきわめて常識的なバランス論に終始しているのだが、筆者には、こうした態度はその10年前の中間子論で脚光を浴びだした当時のつよい実在論的態度から、だいぶ中庸にセットバックして来ているように思える。

よく知られているように、湯川は和歌を嗜んだが、その初期に「物理学を志して」と題して詠んだ次のような句がある(9)。

物みなの底にひとつの法ありと日にけに深く思い入りつつ
天地もよりて立つらん芥子の実もそこに凝るらん深きことわり
深くかつ遠くきはめん天地の中の小さき星に生れて

「存在の理法」（一九四三年発行の湯川の著作の題名）といった発想も、眼前の現象界にある硬い合理性に支配されたミクロの存在に対する確信が横溢していた時代のことであったろう。

それが終戦直後の「観測の理論」の思潮にいたったのは、中間子論の急進展が戦争の最中でスローダウンした沈潜期にあったこと、また量子力学の教科書を纏めるために体系的に量子力学を再考したことが、その背景にあったのではないだろうか。湯川が執筆や対談の活動を旺盛に行ったのは、五十歳代の後半になった一九六〇年代後半から病で倒れる一九七五年までの時期である。この時期、湯川は岩波物理講座の編者として量子力学の編著を行っているが、ベル不等式や「多世界」には注意を払っていない。[10] 一九七三年の渡辺慧との対談で「観測問題」が昔話的に登場するが、ベルやエヴェレはこの時期には見えない人物であることがわかる。湯川のこの時期の新たな関心はDNAや生命にあった。原子物理学がその領域を生物にまで拡大していく時代の風を学界指導者と知的に啓蒙する役割を果たしていたのである。

第9章……確率と不安——ランダムか情報不足か

不安解消?

「確率」という言葉は人々を不安にさせる。本来はこの「不安」を解消するために数量化して合理的に処理しようとしたのだろうが、不安は募る一方である。パスカルらの確率の発祥は、賭けゲームを途中でやめた場合の参加者への残金の配分法であったというが、要するに不確実さの処理に要求される説得性を数学合理性にのせたものが確率であるといえる。ただ、お金のような、すでに数字になっているものを確率という数字で処理する場合は問題ないが、確率の中途半端な数字をどう(0,1)の判断、つまり〃あるか、ないか〃、〃するか、しないか〃という判断に結び付ける基準がないから、不安は一向に解消しないのである。「降水確率五〇パーセント」の天気予報を聞くと「傘は要るのか、要らんのか、どっちなんだ！」とテレビに向かって叫びたくなる。

確率が有限な複数の可能性から一つの行動を選択する合理的対応が、再び確率になるのでは、議論は無限後退の議論に導かれる。この将来不安解消の処理法には名案はなく、古来、人々は、占い、御託宣、悟り、帰依、決断、結果責任、投票、民主主義、リスク分散、などなど、さまざまなものに頼りかつ翻弄されてきた。確率は「不安解消」の為に人類が格闘した末に行き着いた一つの手段なのであろう。

人間の行動判断には効果が薄くても、通信での雑音除去や人工知能での選択のような機械に「行動の基準」を教え込む技術としては、確率という数字は有効な手段を提供しているようである。こういう「非人間的世界」はいまや機械制御をこえて金融や世論調査、果ては科学研究業績評価まで、社会システムの隅々までひろがっており、数字がまだ征服していない世界は日々狭隘化している。ものごとの数字による処理を広げる意味で、確率という数量が果たしている功罪はきわめて大きい。しかし同時に人間は数量化による合理化に馴染まない存在であることを主張し続けているとも言える。量子力学の確率を見る目にもこの人間的不安がつきまとっている。「波動関数の収縮」に実存主義を重ねる論調があるのもむべなるかなである。

ラプラスの「無知の度合い」

ラプラスの「確率の哲学的試論[1]」を見ると、現在のランダムなプロセスを想定して描かれる確率概念との差に驚かされる。〝初期条件が与えられれば未来はすべて予知できる〟と豪語したラプラスが一九世紀はじめに確率計算の公理化に寄与していること自体奇妙である。しかしこの「確率の哲学的試論」をみると冒頭から世界の決定論が強調されている。確率の導入を議論する本なら、まず「この世界は非決定的で予測は不能である」ことが説かれるのだろうと思うと、この本はその逆である。冒頭の豪語を前提にしつつ、ただ初期条件の知識の不完全さの故に確率が要るという、確率の無知度解釈が展開される。

この本でラプラスが取り上げる「賭け」「議会投票」「人間の寿命」「結婚や団体の持続期間」といった事例では、モデルがユニークに設定できないから、確率の活躍する場であることは納得がいく。しかしラプラスの確率の議論では太陽系天体問題が多く扱われていて、それには違和感を覚える人もおるだろう。人間社会のゴタゴタと違って、惑星運動こそ整然たる決定論法則貫徹のショウウィンドーであったはずである。しかし現実には、当時、すでに天文観測の精度が向上して、単純な2体問題の計算だけでは観測値と合わなくなっていた。太陽、地球、木星といった3天体以上の重力の多体効果が観測されていたのである。現在の言葉で言えば、いわゆる決定論的カオスや無数の小天体の効果が観測によって姿を現し初めていたのである。精密になった観測値と照合する計算値を、方程式は分かっていても、実際に得ることは不可能になっていた。

さらにラプラスがこうした考察を行った時代状況をもう少し大きくみる必要もある。すなわち、観測や実験を基礎にした帰納法という科学の方法論を維持し発展させるために、確率という新しい手法の提示が必要となっていたのである。実験、観測を重視する科学という営みでの数学的手法を決定論的運動方程式にだけ固執していたのでは、自らの手の縛りすぎである。それがより柔軟な推論操作である確率の手法の体系化に走らせたのであろう。啓蒙主義の旗がまだ党派的色合いの濃かった時代のことであることを忘れてはならない。

過去未来の対称、非対称

現在、確率には未来・過去、非決定・部分情報、主体・客観の三つの次元の組み合わせで多様なイメージが付与されている。まず未来・過去の次元で考えてみると、降水確率は未来確率で、ＤＮＡ鑑定は過去確率である。いずれの場合も一義的推論が不可能であることから確証の程度を緩和し、それを数量的に表現しようとしたものである。このように、推論する主体のもつ情報の部分性・不完全性に由来する情報処理と思うなら未来確率と過去確率には質的な差はなく対称的である。他方、「主体」を取り除いた客観世界を想定して、過去には唯一の正解があるが未来は未決定で正解は唯一でないと考えれば、過去確率は主体の無知度状態の表現となり、未来確率は客観的に未決の度合いの表現であるから、過去・未来の対称性は破れる。

現実には有限の部分的なデータをもとにした推論なのに、「正解は分からないが既にある」と思った瞬間に自分の推論の行為が色褪せて見えてくるか、急に輝きをもってくるか、そのあたりは人によって違う。「正解は分からないが既にある」というお呪いは実際の推論操作に影響しないにしても、その人間の世界像を瞬時に変えるのである。実は「過去の実在」を当然視する考えもこの「お呪い」によるものである。これに対峙するのは「過去の制作（ポエーシス）」という考え方である。筆者は哲学者大森荘蔵がダメットの酋長の祈りに絡めてこれを論じたある文章を読んで、これを量子力学の「無撞着歴史」（第3章参照）と関連して論じたことがある。[3] 大森を囲むある会に招かれてしゃべった縁で彼の考察に何か係わりたいと思ったからである。一度病に倒れられてリハビリの身であったが、大森はこれに興味を持って取り組まれ、未完成の絶筆はこのテーマに関する原稿だったという。[4] 筆者は氏の興味を刺激したことに誇りを持つとともに、燃え上がりかけたものが突然の死でかき消されたのは残念であった。

「恐竜の骨があるから過去は実在だ」というのはもっともで、それに対して「制作」論は「骨が過去を制作した」という。しかし常識的言い方では「それは過去に〝かくかくしかじか〟である内容が詰まったいうことであって、それがなくても過去自体は実在だ」となるであろう。しかしこれには〝かくかくしかじか〟が全くない空席がそこにあるという極めて常識的でない飛躍がある。これは「ゼロの発見」にあたる飛躍である。「ないものがある」という論法を常識は多用している。筆者はこの問題を「真空―無いことの曖昧さ」と言う題で論じたことがあるが、世界図の描き方の一つのポイントである(5)。

ランダム

確率による推測は推測主体の「無知の度合い」ではなく客観的なものであるという、確率実在論の立場がある。客観世界(主体を導入しない世界があったとして)での確率記述の根拠として、根源的ランダムさを想定する。もっとも実際の定式化においては、気体運動論の際の分子カオスのように、部分情報記述に由来するランダムと割り切るもの、あるいは全体情報の確定なしに部分情報の定義も不可能とするもの、などと議論はどこまでも拡大する。ランダムといっても数学にのせることが出来るものは完全な非決定論ではなく、大数事象の相対頻度としての確率法則に支配された過程である。その意味では一種の飼いならされたランダムであり、コロモゴロフにより確率空間の測度として公理化された現代数学での確率論はこういうものである。ただ現実をこの枠組みに収める際には、等確率とする根元事象まで還元するためのパラメータの数という、数学に収まらない難問を抱えており、各領域での確率記述の有効さはこの処理の巧拙に依存しているのであろう。

筆者はこういう場面での数学の功罪がいつも気になるし、また「ギリシャ的」という西洋科学の本質を見る思いがする。話が飛ぶようだが筆者がこのことに感銘を覚えたのはイタリア・ルネサンスのジョルダーノ・ブルーノの無限宇宙の議論に接したときであった[6]。彼はそこで「二つの無限」を提示する。一つの「無限」はそれこそPとマンモスとコンビニのレシートを一つの括りに入れるようなもので、一切の記述を拒否する魑魅魍魎の世界である。それに対するもう一つの「無限」は、階層においても存在においても、「繰返しの無限」である。この透明な「無限」が無数の太陽、無数の惑星、無数の「人類」、を引き出すのである。前者の無ルールの豊穣に対して、後者は単調な金太郎飴をイメージさすが、彼はそれを反転させて豊穣を引き出している。

一様、乱数、完全なランダム、過去を引きずらないマルコフ過程、区別する理由がなければ等確率、などと言った概念は、一見、無知をいいことにした放任、放縦、無法化の突き放した発想に見えるが、実は「無限」の極めて巧妙な馴致なのである。ブルーノの分類で言うと魑魅魍魎でない金太郎飴の無限なのである。確かに集合論の基数による分類などと言うのは無限こそ最高に秩序化された近代制服の世界であり、ならず者の住める世界ではない。

認識主体という角張ったものを取り除いてしまった「客観世界」というのはこういう整然とした無秩序なのかもしれない。百億光年の広大な天体宇宙の空間もCMB（宇宙背景放射）の観測結果が示すように、ひたすらどの場所も意味のない平等なランダムなゆらぎの結果のようである。

形式主義と直観主義

コロモゴロフの確率の公理系（一九三三年）は、数学をめぐる、いわゆるヒルベルトの形式主義の立場にたったものである。このヒルベルトの立場はブラウエルが「形式主義と直観主義」（一九一三年）という挑戦をヒルベルトにしたことでより明確になった。ヒルベルトのプロジェクトは整数論のような自明な存在と同程度の完全さを他の数学は持ちうるかと言うものである。それを形式化、無矛盾証明、有限の立場によって行うとした。ここには、整数と形式的に同等に可能な数学的存在にも整数と同等の地位を与えようとする意図があった。純粋数学の拡大が「数学とは何か？」を意識させたと言えよう。この余りに野放図な形式主義に対して、ブラウエルは数学の対象は存在するもの、したがって命題の真偽が裁定可能な存在に限るべきだと考えた。ブラウエルが注目したのは論理法則に含まれる排中律と背理法である。全宇宙のある空間の一角を区切った箱に「Aがない」ことと、箱以外の全空間に「Aはある」ことは同じだと排中律では言うが、情報の現実的価値においては全く異なる。また背理法も妙に論理的なのに現実的でない結論を導くことによく日常生活で出会う。そこでブラウエルは存在を背理法や排中律に任せていいのかと考え、直観の及ぶ範囲の存在の数学を提唱した。ヒルベルトのプロジェクトはゲーデルの不完全定理で挫折し、また排中律の排除の被害は大きすぎて不可能であるとなり、数学基礎論は新たな段階になったともいえる。現在強く意識されているのは「原理的に」よりは「有限で可能なアルゴリズム」なのではないかと思う。「原理的に」という呪文で数学を聖なる立場へと崇める立場で登りつめた後の空疎な感覚の中にあっては「事実上」「非PNアルゴリズム」といった存在回帰の風潮にあるようにも見える。「ヒルベルトのホテルマン」のように「やっていれば言い訳になる」時代ではなく「結果が求められる」時代になったのである。数学に〝抱き付かれたストリング〟は果たして存在なのか？　いま物理と数学は悩ましい関係にあるといえる。

違うものの同一視

ヒルベルトの形式化とは、次のようなものである。たとえば、ユークリッド幾何学の「点」を「大きさのないもの」と定義したとすると次は「大きさ」の定義が要る。こうなるとどこまでもさかのぼって定義が必要になり、現実には不可能である。そこで、「点」というような基本概念は無定義のまま用いて公理を書く。そこでは無定義概念はその公理系の縛りから逸脱しなければなんでも許されるとする。「コーヒーカップを「点」と思ってもいいし、テーブルを「直線」と思ってもいい」というのがヒルベルトの言い草である。

現代数学の特徴は違うものを同じに見なす術といってよい。一部だけを見て同じと思うそそっかしい早合点が現代数学の真骨頂である。現実の複雑さに圧倒されないようにするにはこれぐらいのそそっかしさがないと一歩も進めない。一部の同じ性質に着目して同値類に写像してしまえば後は出生は問わずに扱うのが数学である。この強引な同一視のイメージには次のようなものがある。一つはその性質だけ見るもので、石ころが三個でも、カラスが三羽でも3だというものである。二番目のは3のものを全部一括りにして3、4、5、……と分類するもの。第三には同一視する部分集団を一つで代表させて代表の集団に置き換えるもの。人民の集団を王様の集団で論じるようなもの。

コロモゴロフの公理——予測を数字へ「写像」

コロモゴロフも「確率とは何か?」を考えずに公理を決める。「考えず」と言っても、出来るだけ何でも入るほど緩め、かつ無内容にならない様な具体性をもたす、この両方からのせめぎ合いでの落としどころで、公理の出来不出来が決まるのである。コロモゴロフの公理はこの点で成功しているといえる。「確率とはなにか?」に突っ込むのではなく、それを考える素材を増やすということだろう。

公理1　Pは集合族Fから区間［0、1］への写像であり、$P(\phi)=0$, $P(\Omega)=1$

公理2　重なりのない事象Aに対して$P(\cup A)=\Sigma P(A)$

この公理1は「確率は数字への写像だ」と言うのが本質である。全部Ωなら1、何もないφなら0。ここで初めての人が乗り越えられないのは「どうして数字にする?」という疑問だと思う。長さが数字になるのは、測るものと同等の存在(物指という実物)が何個に当るかという比を言ってる。確率の場合も確率の単位があってそれが何個分となっているべきである。こうすると事象の測る測度と測度上での等確率となる単位に疑問は移る。0と1は解るが0と1の間の数字の意味は一向に解らない。

このように意味の解らんものを数字に「写像する」ことができるなら、友人との親密度とか、親子の信頼度とか、なんでも数字に出来そうな気がしてくるし、現に様々な「調査」によってそうした数字は、コマーシャルやマスメディアの社会を支配している。そして多くの人々は半信半疑でも、そう目くじらも立てないので野放し状態にある。

写像と復元

情報のデジタル化とは変数のとる値を有限にして「0か1に」写像することであった。この「デジタル化」に対して「確率化」とは「0と1の間に」写像することである。「0と1の間の数」を複素数に写像と拡大したのが量子状態ベクトルのようなものだ。いま映像のデジタル通信を考えると、映像情報の「デジタル化」とその逆操作としての「復元」がありビットが音声や映像に戻る。本章の冒頭で記した「確率と不安」は「ビット」ではなく「確率」からの復元に対する不安と言ってよい。これは量子力学の猫が「生きている確率三〇パーセント」という場合の「復元」の意味が描けない不安と重なる。多数回事象ではこの「復元」をまた確率的に逆写像することが有用な技術となろうが、小数事象では不安は募るのみである。

こういう「復元」問題は地震、治水、疫病などの天災の「確率」推測に対する公共的措置をどのレベルで（0,1）に移すのかという判断に関わる重要な課題でもある。コンピュータによる情報処理の一般化によって様々な擬似「確率」が世間に横行する社会にあっては、「説得性を数学合理性」に移した積りが逆に「数学合理性」なるものが醸成する不安が社会を支配される危険性もはらんでいる。

「再チャレンジ」

量子力学での「復元」は観測に相当し、コペンハーゲン解釈では「波動関数の収縮」である。自然を何の制御の意図をもたずに観測するという物理学者的観測ならそれでいいが、量子計算のように自然を制御する、すなわちある状態を意図するある状態に持っていく、という検索の視点に立てば、最後の「観測」に確率が残るのでは制御は完全でなくなる。そこで観測前の状態ベクトルをできるだけ意図する状態を観測で拾い出すようなアルゴリズムが必要となる。この過程は「検索」と呼ばれるが、グローバーの検索とかショアの因数分解ではこの検索が知恵の出しどころなのである。

しかし一〇〇パーセントある状態におちる様に状態ベクトルを操作することは一般には不可能である。ただ因数分解では素数の発見は難しいが、素数であるかどうかのチェックは簡単である。そこで検索プロセスである程度意図に近づけた段階で決断して、観測によって出た結果が意図どうりかどうかを検算する。そして違ったらまた初めから試みればいいのである。すなわち「ダメなら再チャレンジ」というプロセスが折り込まれている。量子計算ではマイクロセコンドの間に何回も実行できてしまうから何回も再チャレンジできる。ここは人生の再チャレンジと違うところである。何年間も不透明な未来の状態ベクトルを意図状態の確率を高めるように「検索」修行に勤しんで、そろそろいい確率だと決断して「観測」して外れたとしたら、人間は量子コンピュータのように「再チャレンジ」とはすんなりいかない。10回やれば必ず「当たり」はでると言われても、人生はそれを許さない。個人でも深刻だが前述のような安心安全の防災対策のような行政政策の場合も同様である。第七章で触れたシュレーディンガーの教師エクスナーが、ともに非決定論だが、ミクロ現象と社会現象（歴史）の差はタイムスケール、回数の差だと言ったことがこれにあたる。

統計と推測⑺

確率の周辺には論理学と統計学がある。確率は写像だといっても、実際に確率を得る方法は二通りある。サイコロの目の出方の確率でも、先見的に確率を割り振るか、得られたデータの中から事後的に探してくるかの二方法がある。物理学の問題ではモデルは理論的推理で設定してあってモデル内のパラメータをデータから決めるという統計処理が多いが、一般の複雑な現象では何が変数とされるべきかというモデル自体が決まっていない。ここにモデリングの問題が登場し進展しているようである。赤池の情報量基準といった指標が重要な役目を果たしている。金融にしろ販売にせよ、IT化時代では多くの「観測」データを無意識のうちに記録され蓄積している。これは究極の帰納法科学といえそうであるが、データと言うものが既に現象のある側面を選び出しているから「帰納法科学はデータ依存」という言い方も出来る。この視点は量子力学の観測問題と同質の性格を有している。EPR相関のレーザー実験のデータをこの帰納科学の枠組みに投入すると量子力学のモデルを帰納してくるのか？　多分そのモデルは入るがその他のモデルの可能性を全否定することになるのか？この視点は量子力学理論の相対化に連なるであろう。

統計学は有限標本からの推測が学問的使命であり、「真の理論」よりは「良い理論」も目指している。それに対して論理学は「真の理論」の自明性を主張しようとしているが、論理では数字のように等質ではないシンボルを扱っているので次々とパラドックスに逢着する。「良い理論」は標本も検定・評価も有限の世界の中での程度のよさを決めることに割り切っているから気楽に見える。特に、現実と事象の数を結ぶパラメータや測度の設定自体を標本から決めることが出来れば首尾一貫した技術となる。

大数の法則

数多くの回数の統計的性質で確率の「復元」効果を見ている場合には、その有効性やその意味に眼が行くことは余りない。量子力学の物理現象への応用では当初は多数回の量子現象を統計力学で処理した効果を見ていた。マクロな物体の性質、電気伝導度、熱伝導度、磁性、剛性、化学反応、原子核・素粒子反応、などなど、が電子・原子対象の集団的振る舞いとして理解し、制御できるようになった。また量子効果であるトンネル効果も多数回の衝突での反応回数という統計量が、観測データであった。天体の熱核融合核反応でのトンネル効果による抑制因子が一兆分の一という小さい値であることが現実をぴたりと説明する。この核反応のトンネル効果がこの天体世界の超寿命を決めているのである。この一件だけでも「多数回」量子力学の威力を知るに十分である。

ところが、一九八〇年代に入った頃から、単一イベントの観測が可能になった。これは民生製品の半導体やレーザーの需要拡大に支えられた加工技術、検出技術、情報処理技術、などいわゆるハイテクの向上である。これで量子力学での単一イベント観測ができるようになると、忘れかけていた「重なった状態」「波動関数の収縮」「遠隔相関」といった量子力学創業時の理論上の「大論争」が再び気になりだしたわけである。

ここに至って、ランダム過程の実在をイメージした確率の意味の狭量さが思い出されるべきなのであろう。物理学では長い間「多数回」での確率に限られていたから、このランダム過程というイメージは方法的に適していたのである。大数の法則にみる透明性はギリシャ的無限の表れでもある。そこに急に確率は「無知の度合い」といわれても面くらう。しかもその内容は錯綜している。「無知」が科学の進歩の現状に起因するのか、関心ある量を掬い出して見るという手法に由来するのか（分子カオスを見ない熱力学はそうだった）、それとも本源的なものなのか。議論は止まることはないし、止めるべきでないないのかもしれない。カール・ポパーのように実在をともかくおいた上でその傾向性（propencity）[6]と名づけても、各哲学陣営での位置づけはともかく、科学の場面ではご利益はないと思う。

ギブスのアンサンブル＝多世界解釈

物理実験で多数回のある反応というのは毎回対象が異なるから「同一性質の多数の対象」での実験のことである。「同一性質」が可能なのはミクロの対象には「隠れた変数」や「ヒゲを生やした電子」[8]がないからで、マクロや社会事象ではこの設定が不可能である。その問題は横に置くとして、「多数の対象」に眼を移すと、たとえば電流という現象は「多数の対象」が集団的に参加して「一つの現象」を生み出すシステムとしての「一つの対象」であると見るべきである。物理的に作用しているかもしれない。ばらばらな「多数の対象」ではない。

このように、多数の原子からなる「一つの対象」には、マクロに押さえたパラメータの範囲内で無数の可能な状態がある。難しい言い方になったが、平均値と総量を抑えてもその範囲で可能な実際のあり方は数多くある、という意味である。統計力学ではこの可能な数が確率やエントロピーを決めている。ここで多数の「可能な状態」のうちの一つが実在する「一つの対象」で実現していると考えるのが常識的である。第一章冒頭の「手袋事件」でも「シュレーディンガーの猫」でもそうだが「情報不足で推論で一つに絞れなくても、現実は一つで決まっている」と考えるのが常識である。全てに実在の資格を与えようとすると多世界の放漫さを導入しなければならない。

物理学の統計力学は原子的要素の集団的物性を扱う。ミクロのスピンによる小磁石が整然と揃ってマクロスケールでの磁場を作るか、でたらめな方向を向いているので打ち消しあってマクロには磁場は出来ないか、そういった問題を論じる。統計力学では、始終アンサンブル平均という情報操作をする。すなわち「可能な多数の状態」という仮想的な集合、すなわち、ギブスのアンサンブルについての平均操作である。ここで、目の前に一つある対象の性質が、急に「可能な多数の状態」という仮想的なものとの関わりで決定されていることに気づくべきである。なぜ「実在していない可能世界」がこの一つの実在に口を出すのか？、と。

もちろん、いろいろ言い訳はありえる。「舞台は一つだが時間的に可能な状態を推移していき、マクロの観測は時間分解能が悪いので平均を見ている」というエルゴード定理的ないいわけがある。これは問題毎にチェックできるが、一般的にはそういうわけではない。そうかといって「一つの舞台」が窮屈だから舞台を一杯作るというのでは「多世界」理論である。アンサンブル平均はこれに近いと云える。

年金記録騒動とデカルト的座標系

二〇〇七、〇八年は社会保険庁の年金記録問題で国民はウンザリさせられたが、自分もその中に巻き込まれていることを知って驚いた。確率を論ずる時はまず全体が要る。足して1という公理がいうように全体が始めから想定されていなくてはならない。少なくとも無視できない寄与（足し算へ）をする要素を見落としていてはいけない。この関係者の範囲設定が「関係の有無が不明」の時点でなされなければならないという矛盾がある。こうなると関係者を選択して打ち込んでリストをつくるよりは「全員（国民総背番号）のリスト」に関係の「有り無し」の0、1を記入する方が効率的である。郵貯銀行の預金名簿なども「全国民リスト」の一つの状態と見なせば情報処理的にはより合理的である（人権的にどうかは別にして）。多くの欄にゼロがはいることにはなるが最近のメモリーから言えば問題ない。このように席を用意しておいた上で「空き」とする手法のほうが、課題ごとに席の「リスト」が違うよりは処理量としてはより合理的なのかもしれない。ただこうなると「関係者リスト」では億万長者もフリーターも順番一つ違いで並んでいて、財産が一億倍も違う数字が入っている。これまでの社会ではあるステータスを表現する「関係者リスト」＝「名簿」に載っているかどうかが大事であった。そういう幾種類もの〝意味〟のある名簿が存在することが社会の秩序を形づくっていた。この逆の途はリストは一つで全員を関係者にして、情報はそこに入っている数字で表現するようにすることである。当面関係なくても全部登場させておいて番号入りの席を設けておくという手法はデカルトの座標系にも通じる。

従来、物事は局所的に関連づけて秩序を見つけていく手法が先行し、法則は微分方程式で与えられた。それに対し情報科学での処理法は〝全ての組合せ〟で予め席全体を用意した上で、目標を定めて検索する。状態ベクトルによる情報操作も予め席を用意する。

〝全ての組合せ〟の席を予め設けるとは、犯罪小説の図書館の分類で「親の子殺し」、「子の親殺し」、「子の子殺し」、云々と並べたてることである。あり得ないことでも並べたててみると、現実が後追いで空席を埋めるようになる。世界像が行動を誘うのである。枠の解き放たれた思考は不安を一層かきたてる。実在の秩序化に「席」を用意発想を越えて、「席」が実在を誘うのである。

第10章 「科学」という制度をマッハから問う

量子力学の魔性に見るもの

第一部で見たように、量子力学の創業者に名を連ねるアインシュタインやシュレーディンガーにさえ不満を残したままボーアとハイゼンベルグ監修の一九二七年版量子力学が慌しく出荷された。ハイゼンベルグ、ボルン、ヨルダン、ディラック、シュレーディンガー、パウリ、フォン・ノイマン達の数理理論とボーア－ハイゼンベルグの物理的解釈（コペンハーゲン解釈）をパッケージにした理論が今もそのまま流通している。この理論誕生ドラマの特異な点は、各ステップの発見者の意図に反した内容に次々と変貌して行ったことである。とくに数理的な部分は提案者の物理的意図を超えて一人歩きし、完成形は大半の発見者に不満を残した。

量子の創始者プランクは古典物理学の体系化に心血を注いだが、自分の発見でこの美しく整えた体系がお蔵入りになるのを長老としてただ苦々しく見つめるだけだった。誕生ドラマの最後のホームランを打ったシュレーディンガーの波動関数は、ボーアの強引な説得にも負けて、半年もしないうちに提唱者の物理的意図が完全に否定され、ボーア、ハイゼンベルグ、ボルンらの路線を完成させる存在に換骨奪胎された。〝間違っていた動機〟が数理理論の完成へ寄与したという、ひねくれた筋書きになった。そしてプランクからシュレーディンガーまでの二十数年間、すべての局面で最大の寄与をした御大アインシュタインまでが前面にでて反対を言い出す始末である。ブレークスルーを担った主役たちを次々と振り落として展開したこの歴史は、発見者たちの思想が科学理論に結実していく〝美しい物語〟とは全く異なる。この異常さにもこの理論の魔性をみる思いがする。

万事平常な量子力学の姿

ところがこれだけの混乱した中での慌しい出荷であったにもかかわらず、その後は何事もなかったように平穏にユーザーの使用に耐えて巨大なパワーを発揮している。コペンハーゲン解釈もふくめて多くの課題を積み残したままの〝当面はこれで〟という〝仮出荷〟に見えたが、その後の物理学の〝本流〟では〝積み残し〟点検事項を引っ張りだして検討を要するようなトラブルは一件もなかった。確かに50年前のエヴェレのように、積み残しを引っ張り出す議論はいくつか存在したが、感染が拡ることはなかった。その理由は、ボーアの根源病対策という思想善導策が効を奏して、量子力学を応用した研究が、物質の究極・宇宙の起源といった問題から、トランジスター、レーザーといったハイテクまでに、拡大したことにある。クォークだろうが、ビッグバンだろうが、LSIだろうが、どんな新対象をもボキボキと噛み砕いて更なる拡大の血肉としていく時代が長く続いたからであろう。健康に胃が働いている最中では貪欲旺盛に食べることに気をとられて胃自身の健康度に気をかける暇もなったのである。大食に耐えるツールを携えた豊穣な新世界の豪遊であったといえる。

いまや、生産現場まで含めれば、世界で何百万人もの人達が量子力学の言語——波動関数、固有状態、エネルギー・レベル、遷移、確率、重なり、スピン、などなど——を使って仕事をこなしている。普通ならこの実績だけで量子力学創造時の論争には完全に決着は付いたと言える。ちょうど電磁気学に問題があるなどと誰も言い出さないように、誕生以来八〇年の実績と三世代にわたる後進の教育という魔性の脱色を経て、量子力学も電磁気学のステータスになったとも言える。では抵抗したアインシュタインやシュレーディンガーは新潮流から取り残された単純な〝負け組み〟だったのであろうか。それとも「アインシュタインやシュレーディンガーほどに深く考えないから、支障がない」

だけなのだろうか。しかし、原子世界が日常化した研究・開発現場では、誕生ドラマのゴタゴタを想起させる事態にはめったに遭遇しないことも事実である。それに「浅薄」というレッテルを貼ることは、むしろ貼る方が蹴っ飛ばされるだけだろう。「深く考える」ことの弊害をむしろ炙り出しているのかもしれない。「君はあんまり哲学をやりすぎなんだよ」とハイゼンベルグが窘められた様に（第6章）。

こうなると、あの〝ゴタゴタ〟は新製品にありがちな単なる「初期事故」に過ぎなかったのだろうか、それともこの八〇年の間に研究対象、物理学言語、学界慣習などが一新されたことで現在の「平穏」があるのだろうか。当時存在した拘りを捨てたからこそ理工の専門家にこれほど受け入れられたのだとも考えられ、科学が拘るべきことの変質ということかも知れない。

言葉の健康度

哲学者鷲田清一の「胃の話」には説得性がある。(1) 確かに胃の存在を意識するのは調子が悪い時である。調子がよい時は宴のグルメや団欒に関心がいって〝もくもくと役目を果たしている〟胃のことなど気にもかけない。哲学者の真骨頂は〝胃〟を身体、〝じぶん〟、そして言葉や概念、などにずらして考えることである。確かに調子がいい時には〝じぶん〟はそとを向いており、〝もくもくと役目を果たしている〟じぶんのことなど気にもかけない。人々の係わりを支えて〝もくもくと役目を果たしている〟言葉や概念や共同幻想などは、時代によくフィットしている時には係わり自体に目がいって係わりを支えているツールには気が向かない。胃の場合のように、「じぶん」や「言葉」を意識したり、それらに疑問をもつのは、「じぶん」や「言葉」が衰弱している証拠なのであろう。

第5章で触れたような、近年活況を呈している量子情報研究の勃興に刺激されて、「量子力学の身分」が筆者には気になりだしたのは事実である。それはちょうど胃が「気になる」ように、量子力学の言葉が「気になり」、「大論争」が胡散霧散しても一向に支障のない「科学」制度自体を語る言葉も「気になり」だした。〝もくもくと役目をはたしていた〟はずの言葉や概念が「気になる」のはそれらが衰弱しているからだと鷲田は言っている。常用の言葉の意味を語るにはより広いレファランスフレームが必要である。そのために本書では歴史を遡ってそれを拡げる努力をした。〝はしがき〟に書いたように「少し長い時間スケールの研究の歴史に関心を持つことなくして、現時点を遠い未来につなぐ想像力は生まれないものだと思う」からである。量子力学を素材とした一つの科学理論の歴史物語というのが本書の主題であった。

科学技術全盛期といわれる現在の学界では絶えて久しい「科学者の熱い哲学論議」を百年前にみることは、新鮮な想いがする。その意味では量子力学を不動の物指しとして科学界の変貌を描いたことにもなっている。それは、科学の理念や認識論的な枠組みだけではなく、この間に数百倍に拡大した社会の中での科学の制度論の課題であると筆者は問いかけてきた。「大組織」には特有の悪弊がはびこるものである。二一世紀の科学技術制度はこの「大組織」病対策に気を使いつつ運営していかねばならないであろう。

科学技術の制度では継承・刷新が大事な課題である。そして、量子力学創造のドラマ程に極端ではないにしても、科学というドラマは常に〝前任者がこけて行くドラマ〟である。誰でも仕事に没頭すれば何がしかの反作用を受け、知的にも同時代の傾向に染まる。またそれ位に没頭しなければ何かを生み出せないであろう。しかしその多くは習気とか泥む（三捕梅園）といったもので、次世代に受け継がれてはならないものである。これは昔から学問の途で戒められてきた訓えである。成果は伝えつつ、没頭した想いは伝えない、こんな器用なことが出来るのであろうか？これはそれこそ古今東西の学問の系譜の中で何千年も語られてきたことである。もとより安直な解決策などあろうはずはないが、一つの習気の防止法は少し長い時間スケールの中でものごとを見ることである。そうすることで「言葉」が精気を取り戻してくる。偏食は禁物である。という次第で、レッテルとしてのマッハではなく彼の論考自体を少し引用し、そこから現在を考えてみることにする。

マッハの知覚とは

マッハの時代は科学がまだ「制度」から自由な時代であった。それこそ「科学するこころ」を全開すればそれがすなわち科学であった。現在のようにこの「こころ」から研究のフロントまでは遥かな距離がある状態ではなかった。マッハの著作にみる知覚論にはその直接性が感じられる。X線などの諸発見が示すように、マッハが実験室を離れた19世紀末には大学の実験室に高電圧施設が整うなど、実験スタイルにも変化があった。検出機器を多用した新しい実験のスタイルは、マッハの言説であった五感的知覚イメージからの乖離を起こした。プランクはマッハを「世界のリアルな要素」を知覚に閉じ込めたといって批判しているが、いまこそこの「知覚」の意味を考えてみる必要がある。(2)

エルンスト・マッハ（Ernst Mach, 1938-1916）

第6章の冒頭で述べたハイゼンベルグ論文で言う「原理的に観測される量」とは、人間の裸の五感だけでなく、諸々の観測機器の介在も付加して、外界から得られる情報に拡大して促える必要がある。マッハにおいても知覚は道

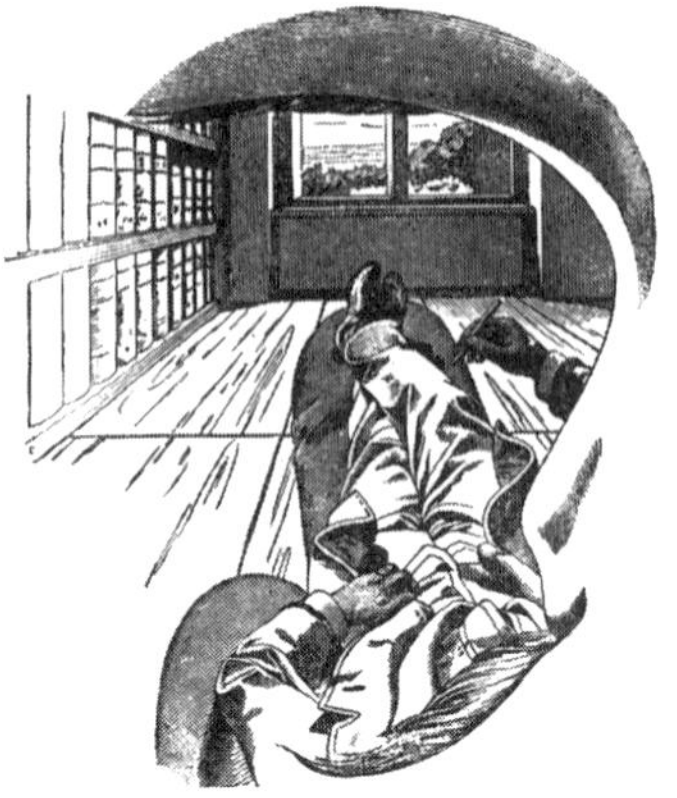

マッハ「感覚の分析」に載っている外界がどう見えるかの図。人間の知覚を非常に直接的に捉えている。

具や測定器を介した「感覚」に拡大されている。マッハ数として有名な超音速に関するマッハの研究では、弾丸による衝撃波の構造を、当時の科学技術を駆使して高速の写真撮影を行った。彼にとって科学とは実験のことであり機器の開発が科学の真髄であった。実験で実証された事実こそ科学が扱う要素だった。

こういう拡張された感覚複合体が物体のイメージを形作るのであり、物体が感覚を産出するのではない。そして学問というのは特定の経験領域に思想が適合していく過程を通じて成立する。彼は次のような議論をする。[3] 物理的要素の複合体（I）A、B、C、……、身体という複合体（II）K、L、M……、意思、記憶像などの複合体（III）α、β、γ、……、の三つを考えてIの関係を扱うのを物理学、IとIIにまたがる要素を扱うのが生理学、IIとIIIの間は心理学、とし、三つの世界を貫通するものとして身体系を捉えている。こういう議論を聞くと、彼が「裸の感覚」に大きな役割を与えていることが分かる。IIはIの一部であるとも言えるが特殊な扱いを受ける、としている。身体という特定の物質系を無視して科学はないのである。身体という検出器と情報処理機能は取替え不能であり、またデファクトスタンダードとして科学も受け継いでいる。これは古典物理の身体性との関わりである。彼の多くの著作に見る知覚や感覚は直接身体的なものである。実際、彼は感覚器官や心理学の創業者の一人なのであり、それ自体が科学の拡大に寄与した。しかし彼の「身体」には検出器以上の意味がある。

測定機器で拡大した知覚

ミクロの世界は機器によってしか「身体」に結びついていない。この場合、マッハの提示している感覚世界の構図はどう変わるのか。まず、Ⅰはミクロ世界と古典物理の世界に二分され、その関連が量子力学の観測問題であるとなる。ここでミクロへつなぐ機器と身体を一つに見なして認知に当たるⅢの世界までなぜ直結出来ないのかという疑問が生ずる。それはⅠ―Ⅱ―Ⅲという複合体を分離させずに、従来型に新世界に対処する戦略を意味する。そうすることが行動する人間にとって有用な知識となるからである。実用的な目的に有用なこともあれば、「知的な不快を片付ける」(マッハ)ために有用なこともある。

現在、ハイテク技術の進歩でミクロの測定結果を古典世界での推論を刺激するような方法で画像化し表示できるようになっている。五感的に原子は見えないが、走査型電子顕微鏡は、原子・分子一個一個がデコボコに見える映像で表示する。これは、多数の電子のミクロ実験の結果を、数字でなく、映像で表示したに過ぎない。「ありのまま」というよりは、I—II—IIIの複合体に馴染むように表示している。すなわち認識者の推論・行動に適した情報に変換して提供しているのである。人間の論理的推論操作を刺激するのは原子時代においても「感覚」情報なのである。

二十世紀の物理学の探索で我々は素粒子やビッグバンをあまりにも日常的にとらえる様になっているが、量子力学はその安易さの陥穽を突きつけている。かつて筆者が「ヒゲを生やした電子」の議論で言ったように「機器でだけ結びついた自然は貧しい(4)」のである。それはあたかも国勢調査で日本が分かると錯覚するのと似ている。もちろんある「機器」で得られた情報は貴重であり嘘でもない。

実在論批判

「普通の人の哲学的立場——素朴実在論をこう呼べば——は、〝哲学上の諸々の立場のうち〟最も高く評価されてしかるべきである。これは、人間の意図的な参与をまつことなく有史以前このかたの歳月を経るうちに、おのずと成ったものである。それは自然の所産であり自然によって保持される。これに反して、従来哲学が達成したものは、その各段階はおろか、その錯誤さえ、しかるべき生物学的根拠をもっていることは認めるにしても、すべて無意味な、はかない、人工の所産たるにすぎない。しかも、現に見るとおり、どんな思想家、どんな哲学者も、実際の必要に彼の一面的な知的職業から駆り出されるや、たちどころに世人一般の立場をとるのである(5)」

「通常「物質」と呼ばれているものからして、知らず知らずのうちに感性的要素の相対的に安定した複合体に対して生じた甚だ自然な思想記号に過ぎないと見なしうる以上、ましてや物理学や化学での技巧的仮説的な原子や分子に関してもそう考えることが出来るはずである。物理学旧来の知的手段は、その特殊な局限された目的にたいしては、依然として価値を失わない。それらは依然、物理・化学的経験の経済的記号化である。しかし、われわれは代数学の記号に対すると同様にこれらの記号に対しても、われわれが予め投げ入れた以上のものを今後は期待しないであろう。言い換えれば、経験そのものに期待する以上の解明や啓示を期待しはしないであろう。……原子はやはり何といっても、狭い物理学や化学の領域に現れる、かの特有な感性的要素複合体の記号たるにすぎないのである(6)」

「原子は、数学の函数がそうであるように、現象を記述するための手段として、ひきつづき用いられるでありましょう。しかし、自然科学は、自分が扱っている素材に関する知的陶冶が増進するにつれて、次第に積み木遊びを棄てて現象の生き生きした流れを湛えている河床の境界と形状を究

めます」(7)

ここまでストイックに仮説や記号を拒否するマッハの態度は異常に見えるが、たえず「オッカムの剃刀」で切り込まないと水脹れになると考えたのであろう。しかし「なにも生きたものを生み出すことはできず、害虫を駆除できるだけだ」と後期のアインシュタインがマッハを断じたのも頷ける。こうした言説は筆者に荘子の「筌蹄」を想いおこさせる。これは千利休の「捨筌」や小堀遠州の「忘筌」の原典である。

筌は魚を在るる所以なり、魚を得て筌を忘れる
蹄は兎を在るる所以なり、兎を得て蹄を忘れる
言は意を在るる所以なり、意を得て言を忘れる
吾れ安くにか夫の言を忘るるの人を得て、これと言わんかな
「荘子」外物篇(8)

これは「目的を達したら途中で使ったものはちゃんと後片付けしなさい」ぐらいな意味にも取れるし、「そこで得た知識を持ち越すな」ともとれる。前半は乱獲を諌めた警句とも取れるが後半に主題があるのならそれはエコ的読み過ぎであろう。科学は得た知識を公共的に積み上げることを目

標にしているから、前者の意味ではこれは反科学である。ただ長い学問の歴史にはこういう流儀はしばしばあった一つの美学である。

マッハはこういう美学で「科学を鍛える」批判者の側に徹したいえる。それが新興「科学」への信頼を高めたとも見ることができる。例えば著作『感覚の分析』は一八八五年の初版から一九一八年まで七版増補されているが、そこでは批判への反論も毎回追加され、まさに偉大な教師であったのである。

ポジテヴィズムと科学

「私は何よりも、自然科学の中に何らかの新しい哲学を持ち込むのではなく、古ぼけて役に立たなくなった哲学を自然科学から取り除こうと努めてきた」のに、科学に哲学を持ち込んだと自分は批判されている。実際、幼稚な哲学でも自然科学の中では批判に晒されることなく生き延びている。あたかも「無防備な動物種が孤島に隔離されて敵から保護されているようなものである(10)」

マッハは哲学の系譜に位置づけられることを潔よしとしなかったが、客観的には実証主義の系譜である。大きく見ればアングロサクソン系の経験論、ジョン・ロック、ジョージ・バークリ、デービッド・ヒューム、エドマンド・バークなどの啓蒙時代を経て、19世紀中葉にはフランス革命や資本主義の勃興を背景にフランスのオーギュスト・コント（一七九八–一八五七）が実証主義哲学を唱え、ポジテヴィズムと呼ばれた。この「ポジティヴ」は「前向き」志向の意味と語源は同じだが、「真の、ないしは現実の存在」の意味である。コントは人間の精神世界は神学的、形而上学・抽象的、実証的＝科学的と発展してきたとみなした。自然科学の成功を社会一般に科学の方法を拡大するというのが内容である。自然科学そのものに関する思想というよりは、学問全体の「科学化」を唱えたものである。実証的の意味内容として、現実的、有用、確実、正確、組織的、相対的の六つをあげている。その後、科学の実証主義は真理との関係で実用主義などとして分類されるようになったが、科学発祥のヨーロッパ19世紀にあっては、実証主義はまさにコントが挙げたような学的手法の革新運動でもあったのである。もともと自然科学はその見本の立場なのだが、この「革新運動」によって、対象から切り離された、方法の学問としての社会的イメージが自然科学にも強まったといえる。

動機的実在論

思想とは人を動かすものである。科学に即して言えばそれは人生観と世界観に当たる。科学の営為自体は仮定、演繹、帰納の絶え間ない反復としてマニュアル化されているが、行動に駆り立てる動機や情熱や実践の力の源泉としての実在論は有効である。多くの歴史がそれを証明している。実証主義の禁欲的概念批判が有効なのは純化による仕上げの段階である。教育者プランクがマッハ批判に立ち上がったのも、実証主義が行動に駆り立てない旋律を含んでいるからである。宗教にも「煽りと鎮め」があるように、思想にも「煽りと鎮め」がある。「煽り」には実在論が向いている[12]。この文化を宗教から科学が引き継いでいる。

ドイツで発行されているハイゼンベルグの切手。不確定性関係の数式が描かれている。

　科学の現場では従って動機的実在論といった方法論が有効である[13]。この「実在論」は場外の社会思想論議と直結するというよりは、科学者の実践論談義に属することである。

　ハイゼンベルグ自伝「序」の冒頭は、「科学は人間によってつくられるものであります[14]」という文章で始まる。確かに第六章冒頭

ケンブリッジの街角で見かけた、電子が発見された建物に掲げられた看板。

に記したように量子力学への切込みにマッハを梃子にした流れを「哲学的に」外挿すれば、このセリフは実証主義的科学論の典型となる。しかし物理学者ハイゼンベルグのその後の物理学上での活躍は実在論一色に見える。原子からクォークへと進捗したミクロ世界の探索は、まさにこの動機的実在論の成果であった。仮定的実在の措定と実験による検証の反復が一直線に進んだ。この「湯川ーローレンス手法（南部陽一郎）[15]」には巨大加速器実験が必要であった。ここで注意すべきは各局面での成功体験の惰性からの脱却であろう。

　二〇〇七年、久しぶりに訪れたケンブリッジの街頭で「一八九七年、この地の旧キャベンディッシュ研究所においてＪ・Ｊ・トムソンが電子を発見した、それは後に物理学の最初の素粒子と認識され、化学結合、エレクトロニクス、コンピューティングの基礎となった」と書かれた看板を目にした。ケンブリッジ大学物理学科（キャベンディッシュ研究所）がこの地から郊外に引っ越して半世紀になるが、この建物は二〇〇〇年頃までホーキングがいるＤＡＭＴＰ（応用数学科）が使っていたので、一九八四年の訪英の折にここに出入りした想い出の建物である。原子核の世界を切り拓いたラザフォード研究室がかつてこの地下を実験室に使っていた様で放射線除去工事の最中だったのでよく記憶している。

この看板の文章でいう電子の位置づけはよく考えられている。「物質は原子から出来ており、原子は素粒子で出来ており電子はその一つ」というのは「事実の発見」であるが、現代社会での電子の意味はそこに止まらない。材料や生物の科学としての「化学結合」、電気や通信「エレクトロニクス」、情報処理の「コンピューティング」、確かにこうした人間社会に関わる場で活躍しているのが電子である。これは電子の「価値の発見」なのだと言える。実際、筆者は街角でこれを見たときに何か新鮮な意味を感じた。「そうだ、人間のために電子は働いているのだ」と。電子でも、発見後、飾っておいてあり難がるだけではダメなのだと。

このことは、野依良治が語られていることにつながっている。

「研究者には困難に耐えられる強靭な精神が必要です。また、壁を乗り越えるためには、知性だけではなく、感性も求められるでしょう。科学の研究は、「事実の発見」ではなく、「価値の発見」が重要だからです。日々、多くの科学研究が行われていますが、目的通りにいかないものばかりです。しかし、意にかなった結果が出なくても、新たな事実は日々発見されています。ところが、単に事実を見つけただけではだめで、それが持つ意義そして有用性、価値を見いだしていかねばなりません[16]」

「動機的事実実在論」だけでなく「動機的価値実在論」もあるのである。

「三つの世界」

マッハの知覚は「対象」と「認識者」を結ぶものである。科学の現実を描くには「対象」と「認識者」の二つの世界では狭すぎるように思う。筆者はここに「第三の世界」（言語、数学、理論、文化、……）を含めた「三つの世界[17]」の実在を前提にした方がいいと提案している。科学の知のアリーナであって、ありがたいものを飾っておく真理の殿堂ではない。

その際、科学の営みには「探索」と「秩序化」という質的に異なる二つの要素があることを押さえておく必要がある。「探索」とは一時代前なら採集、観測、探検、冒険といった発見物語りであり、最近では計測機器発明物語りまで含まれる。この科学の開拓者的側面を「真理」「法則」云々に向けた「秩序化」の科学の課題といったん分離して考えた方がよい。「第三世界」にはこの秩序化のツー

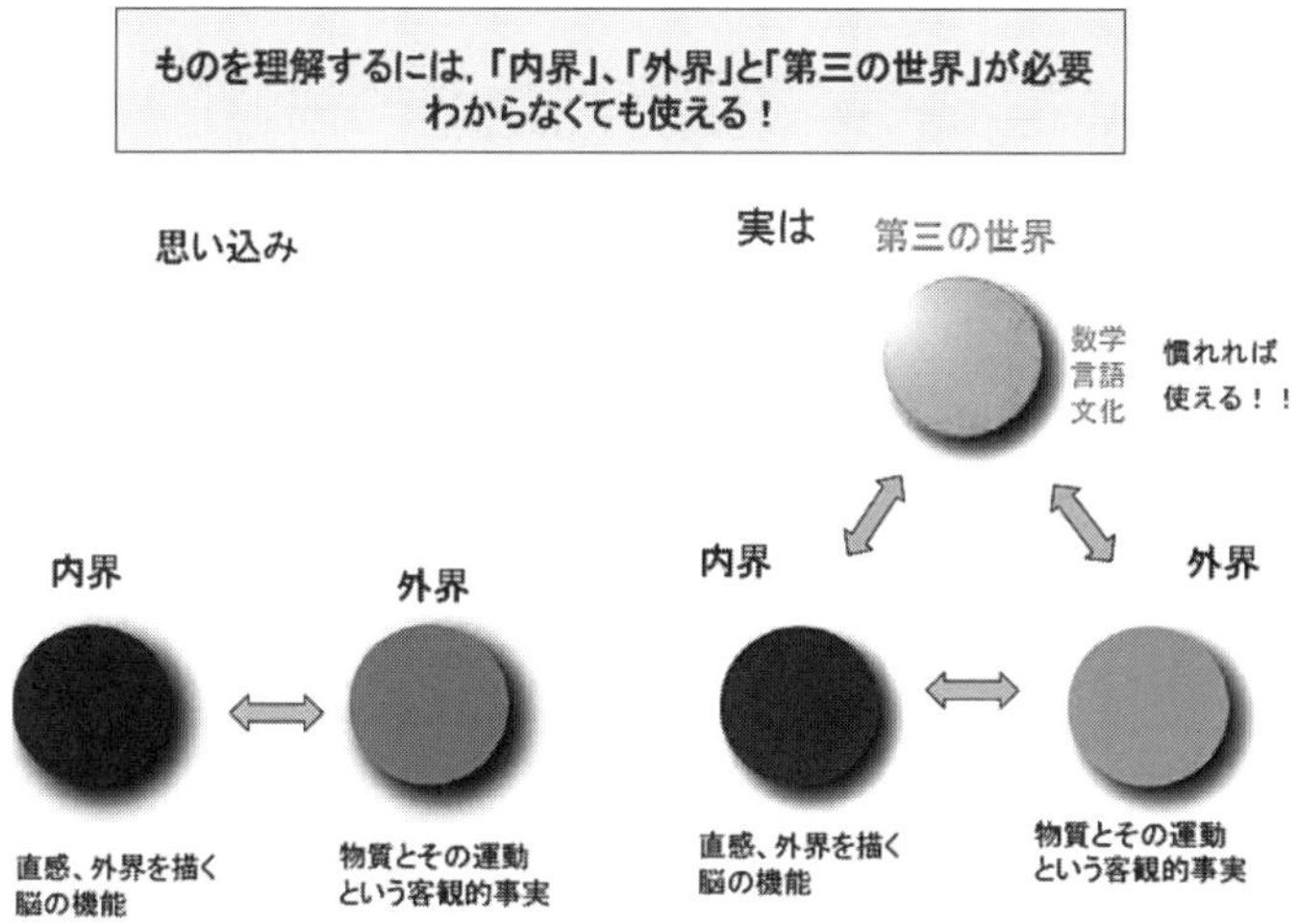

外界と内界の他に第三の世界が必要である。
http://www.hitachi-hitec.com/about/library/sapiens/018/pre2.html
佐藤文隆氏の講演より

ルが蓄積されていくのである

その上での科学における「秩序化」の課題であるが、科学であれ、宗教であれ、現実の背後には、確かな真実を見ようとする。目前の気まぐれで無秩序な現実をまえに、耐え難さを覚えてより確かな世界像と行動の指針を得ようとする。混沌の背後に垣間見える秩序はそうした存在を予感させ、その全面的な開示を願うのである。この願いが、人間の「科学するこころ」に根ざす学的行為を育んで来たのであろう。

他方、人間には目くるめく不確実さに陶酔する性向をも持っている。これには宗教から、芸術活動、それに武断政治まで、一言では括りにくいものを含む。学的と非学的、いずれの場合も超越的存在を想定して現象に秩序を回復させようとする点では似ているが、混沌の沈静をその存在の配慮や恣意に帰すかどうかで両者は分けられる。理の字義は玉（ひすい）のひび割れの筋に由来するらしいが、これも注意深く目を凝らせば見える確かな存在である。〝願い〟や〝祈り〟で変わる「配慮」や「恣意」には期待しないのが学的対処法である。「条はもと木のえだにして、理は其のすじ也」[18]、と三浦梅園は静的なすじの代わりに水の流れる生々きとしたすじのイメージを描いている。何れにせよ努力して目を凝らせば見えてくるものである。

学的対非学的の二分法でいうと、学的が大半であり、それで括りきれなかった残余が非学的営みのように思いがちだが、事態は全く逆なのだろうと思う。むしろ、現実の無秩序の真っ只中にあって、学的行為は必死になって崩れない小さな拠点を築こうとしているといえる。それにもかかわらず学的内容は言語化されていて系統的に継承されるので、社会的に可視化されて表現されているために、主体と残余が逆転した存在感の錯覚を生むのであろう。

中国への仏教伝来に影響されて高度化された儒学が宋の時代の朱子学である。江戸時代に理学といえばこれを指していた。中国文人政治の官学であったから幕府も官学にしたが、江戸の学者にはいつも不人気であり日本人の心情には響かなかったようだ。日本人には「誠」が人気であった[19]。明治のご一新でこの学者の心情がどう変わったのか変わらなかったのか？

「真の理論」か「良い理論」か？

マッハの言説は、その後に彼の影響もあって活発化した科学哲学の言説からみると、素朴で深みに欠けると批評できよう。しかし彼のスタンスには屋上屋を重ねて現実から迷子になる深みに嵌まる込むことを批判することもあった。その意味では社会の中での学問論を提起しているのであって、科学哲学を提唱したのではない。この側面はこれまでマッハの継承としてあまり注意されてこなかった。科学技術が人間の内的世界も外的世界も独占したかにみえる現時点での新たな課題であり、科学技術社会論とともに科学技術リテラシーのために学校教育の根本的見直しが必要であろう。「リテラシー」というと「こころ」がまず大事だという声が必ず出るが、「なんだ、変だ、どうしよう、……」といった「こころ」は生来備わったもので、新鮮な視点や題材で刺激していくことがこの科学する「こころ」を伸ばすことだと思う。現場の苦労をあまり知らないので見当違いかもしれないが最近の「こころ」の教育には何か胡散臭さを感じる。

最近、ベイズ統計学とか赤池情報クライテリアとかいうのを勉強していて出会った言葉に、「真の」と「良い」という対比がある。[20] もともとは統計データからのモデリングの理論に関したものだが、この話を「科学で要求される理論のタイプは「真の理論」か「よい理論」か？」という問いかけに拡大してみると面白い。「真の理論」とは既に書かれている法則を読み解くという発想である。それに対して「よい理論」というのは、上手に、すなわち人間の行動に資する認識機能に合った様に上手に秩序性を取り上げるという意味になる。

現在の科学が西洋で発達して、その後に全世界に広がった理由はどこにあるかは多く論じられているが、其の一つに普遍的一神教に発展したキリスト教の存在がよく指摘される。確かに永く中華文化圏を支配した文人の価値観には、超越的存在に凝らない儒学の精神があった。論語にある知者のあるべき姿は「務民之義、敬鬼神而遠之」[21]であるとされる。「まず人間として当然の努力をするのがよい。鬼神は敬するが、頼るのは良くない」という意味である。

鬼神は敬うけども頼るのは良くない。この鬼神というのは超越的存在で、老荘や仏教と異なって鬼神を遠ざけるのが儒学である。その一方、自然科学は往々にして正体不明の鬼神を抱えて動機的実在論としている。しかし鬼神はあくまで人間文化界の鬼であることは了解しておくべきである。

「ウソを教えない工夫」[22]

最近、理科の教育法をめぐって対抗軸が浮かび上がっているように筆者には思える。高校初等の全学生に教えるべきものは、最新の科学が獲得した「知識」か、それとも知識を可能にした「ものの見方」かである。運動を扱う力学などはそっくり現実には当てはまる問題の答えを出すわけでないが、近代科学の嚆矢であり、あの精神をこそ教えるべきという主張に対して、「結構時間のくう力学をやると最新知識を学ぶ時間がなくなる」という主張が対立する。

将来科学を担う学生の教育問題としてもあるが、科学技術の教育においては、もう一つ「民主主義社会の主人である公衆の合意形成のための要件としての科学」というものもある。「ものの見方」は多様であり、宗教的にものを見て生きていこうとしている人間にまで物理学の「ものの見方」を押し付けるべきではないであろう。しかし、前述の「第三世界」の知識というのは人間に本来備わったものではない。教育で意識的に詰め込まないと身に付かないものである。民主主義社会では「俺に関係ない」では済まされない。それらは判断にみちびくのに必要な考え方である。

原子や量子力学の題材で国民的「常識」の一つとされている「知識」に「原子は原子核の周りを電子が回っている」というのがある。筆者はこの「ウソ」を教えることを止めようと提案したことがある。日本物理学会の物理教育に関する雑誌に「ウソを教えない工夫」をしようと呼びかけたのである。しかし残念ながら反応は一つもなかった。

大体、ハイゼンベルグが論文で述べたように(第六章)、ありもしない軌道を考えないことにしたから量子力学に飛躍したのである。またアインシュタインが湯川に語ったように(第八章)、量子力学では加速度を追放したから遠心力という概念はないのである。確かに専門家は原子内では軌道でなくエネルギー準位（レベル）で考える。なのに何故か素人には「ウソ」を教えるのである。例えば一番単純な水素原子の電子は普通は（基底状態では）角運動量はゼロだから「回転してない」。だから回転しているために電気引力と遠心力が釣り合って原子が安定に存在する、というのはウソである。これこそ有限な作用量子の新たな効果によって原子は安定に保たれているのだ。「ウソは泥棒のはじまり」と言うからよほど深刻に考えた方がいい。

その文章に詳しく書いたが、現状がなぜ「ウソ」を教えることになっているかは十分理解している。日本には「長岡半太郎の亡霊」もあるが、この「ウソ」問題は日本特有なことではない。しかしこれでは「量子力学の魔性」をひた隠してきたようなものである。モノの「知識」開発を十分やった現在、だんだんボーアの思想善導の時期を卒業して、もう一度、量子力学創造期の〝ごたごた〟に戻ってみてはどうだろう。

第一部は「二十一世紀の展望」で終わったのに、第二部のしめは何とも小さな問題になったことを訝られよう。しかし科学を「制度」問題に外在化さすことは同時に個人のレベルの課題を炙り出すことでもある。科学に見られる理論的思考と社会的行為の関連を論じる際に、倫理の哲学的根拠としてこの関連を持ってくるのが、西洋文明啓蒙主義の伝統である。こうした科学と文化伝統との接続問題では、西洋版を参照しつつも、アジア版、日本版が必要なのではないかと考える。(23)「坊主か？、職人か？」[24]という筆者の問いかけは、その一つの表現である。そうした日本での江戸、明治の知識人、専門職人間のエートスの展開を跡付けたいと思っているのだが、なかなか果たせないでいる。

あとがき

「理論物理」が輝いていた時代があった。その成立は量子力学の誕生ドラマと深い関係があり、二〇世紀の前半に卓越していた。それは数学的に高度な内容の神秘性とも絡み、アインシュタインの有名さとも連動し、さらには世紀末には障害をもつ天才ホーキングへの憧憬と声援も弾みとなったが、筆者が物理学を志した一九五〇年代が理論物理学の輝きの絶頂期であっただろう。一九世紀末までは物理学者が実験と理論で分かれる習慣はなく、実験をやる「自然哲学」が実験科学と同じ意味をもっていた。これが崩れて理論専業家が登場したのはボルツマンやプランクが初代である。ドイツ語圏と英国での「理論物理の勃興」[1]については別に書いたので繰り返さない。

日本においては、湯川秀樹、朝永振一郎のノーベル賞受賞が伝えられる中で、理論物理学の輝きはとりわけ大きかった。さらに第二次大戦敗戦による疲弊の中で、実験研究の再興が一歩遅れたという事情もあった。原爆やレーダーでの国家への貢献によって、アメリカにおいては大戦後直ちに、実験研究費が破格に増加して、他国と決定的な差が生じた。この豊かな環境が世界中の科学者を米国にひきつけ、米国は彼らを積極的に受け入れて研究のフロントを引っ張った。それに追いつけ追い越せで各国の研究界も大きくなった。

筆者の研究生活の中でこうした傾向がようやく終わったと感じたのは、一九八七年の一件によってであった。この年の二月にマゼラン星雲に超新星爆発が見つかり、小柴グループがニュートリノ・バーストを発見、つづいて日本のX線観測衛星が爆発後の刻々と変化する観測データを出した。世界の宇宙物理業界の目は日本に集中した。まさに「追いつけ追い越せ」の時代を脱した瞬間だった。日本の工業製品の輸出が増大し、ジャパン・アズ・ナンバーワンと言われ、円高が進行しているバブル景気のまっただ中であった。一九九〇年代に入った頃、京都大学の物理学科の教授だった筆者は、学部学生のガイダンスの場で「私がいま学生だったら実験に行く」と発言して物議をかもした記憶がある。意欲のある若者は常に真に輝いているものを志すべきである。

一九五六年に大学に入って量子力学に出会ったいきさつは『量子力学のイデオロギー』と『孤独になったアインシュタイン』に書いた。一九六〇年に大学院にすすみ、初め原子力ブームの中で核融合をやろうとしたが、先輩がいなくなって頓挫。学んだプラズマ物理で宇宙線の加速などをやり始めて、電波天文からクエサー問題とCMB発見にぶち当たり、俄かに一般相対論に行き、後は国際的な研究の新潮流を追っかけてビッグバン宇宙、ブラックホールへとつながった。

しばらく遠ざかっていた量子力学問題に興味が戻ったのは、一九七四年に発表されたホーキングのブラックホールの蒸発であった。これは主に場の量子論の問題で「解釈問題」との接点は当時はまだ認識されていなかった。一九八四年頃から活発になった「宇宙の波動関数」が「解釈問題」への火付け役だった。この頃、ホイラー・ズーレク編集の観測問題の論文集[2]が発行され、ホイラーから献本があったので、パラパラ読んでいる内に学生時代の興味が掻き立てられた。一九九〇年代に入った頃からは、研究室の院生たちの中に膨張宇宙での密度揺らぎの起源に関連してデコヒーレンスの研究をやる者も出て来たので、その当時の研究事情にも接する機会が増え、一九九五年頃に雑誌『現代思想』から連載を依頼された時には量子力学の「解釈問題」を選び、それが一九九七年の『量子力学のイデオロギー』の出版につながった。

この時点で筆者はまだドイチェらの量子計算アルゴリズムの話は知らなかった。ボームの理論やレジェット、ズーレクらのデコヒーレンスから入って、ベルや多世界といった一九六〇年代へと回帰、ホイラーの遅延選択、ハートルとゲルマンの無撞着歴史理論などが興味の対象だった。量子コンピューティングなる課題に気付いたのはショアの因数分解アルゴリズムの報道から数年後である。当時、情報誌『イミダス』（集英社）で物理項目を蔵本由紀氏と二人で毎年執筆していて、量子論は筆者の分担だった。毎年、新聞や雑誌の関係記事のコピーを編集部が送ってくれ、そこから新語を選択していたが、二〇世紀末頃から、年々、量子論関係の記事が増加するので、編集部に「量子工学」なる部門の新設を提案した。宇宙や相対論の研究で同僚であった東工大の細谷暁夫氏がいつの間にか量子情報の専門家になっていたのにも驚いたが、海外でもブラックホーや宇宙論をやっていた人で量子情報に移る人が目につくようになっていた。

「グーテンベルグの森」という読書エッセイものを岩波書店から頼まれた時にはマッハ・アインシュタイン・ベルという布陣で『孤独になったアインシュタイン』（二〇〇二年）の前半を執筆した。その後、二〇〇五年の世界物理年では、アインシュタインの量子力学での功績を提示することに力を注いだ。本書は大体こうした筆者の関心の軌跡を描いて到達したものである。

多分、一九七〇年代が境だと思うが、「理論物理」という呼称は死語と化した。研究対象毎の専門分化がすすみ理論物理のジェネラリトは消滅した。単に「何々分野の実験、理論」という分業になり、一九世紀末から一九五〇年代まで続いた理論物理精神は消滅したと言えよう。戦後初の日本での学術国際会議であった、湯川秀樹が一九五三年に開催した「国際理論物理学会」が、国際的にも、その名にふさわしい最後の国際会議だったたと言われている。

第3章の「解釈問題小史」に入れるかどうか迷った大物にロジャー・ペンローズがいる。一般相対論やブラックホールで彼は学術界の大権威者である。一九七二年の筆者の厳密解論文への彼の早い評価に感謝している。筆者の還暦の会にも参加してくれ、その折りのペンローズ・佐藤対談録がインターネットでよく読まれているようである。(3) 実はこのペンローズは量子力学解釈と計算可能性問題（N

P問題）を絡めて独特の考察を、『皇帝の新しい心』(4) 以来、展開している。最新の「The Road to Reality」(5) は一一〇〇頁の大冊のサイエンス読み物である。本書では諸テーマの関連を語るのに重点を置き、個々の説明はしてないが、ペンローズの本はそこを補うのでお勧めである。

こうした海外の量子力学がらみのサイエンス読み物に接しておられる方なら同意するであろうが、そこにはいわゆる日々の研究論文世界の話とは違ったレベルの話題が縦横に語られている。かつての「理論物理」学者が「専門」の「メタ」を縦横に語っていた時代を髣髴させる。ところが「研究論文」界の人間はこういう議論にどういう態度で接していいのか当惑しているのである。このことが真に「理論」的魅力の開花にタガをはめているのかも知れないと筆者は痛感している。何れにせよ、以上のような「当惑」がペンローズを「奇人列伝」に並べるのを躊躇させた理由である。

本書は筆者が京大在職時に理事長を勤めていたこともある京都大学学術出版会への約束をようやく果たすかたちで出版して頂くこととなったものである。近年筆者の書いた文章(6) とは重複があることをお断りしておく。つめは甘く、その代わり、放談型、テーマ発散型の内容である。「それは違う！」とあなたがむかついたなら成功である。そのことで、現在の学術の世界では互いに引き離されている諸テーマを歴史に戻って絡めていくことの刺激になればと願って執筆した。「研究論文」界の周辺に、ペンローズの本が話題なるような、サイエンスの「メタ」が縦横に語られる豊かな科学界が、日本でも、生まれていくことを夢みている。

編集部の鈴木哲也、高垣重和両氏に感謝します。

二〇〇八年八月

著者

引用・参考文献

はしがき

（1）佐藤文隆『物理学の世紀』集英社新書、一九九九年

（2）佐藤文隆『孤独になったアインシュタイン』岩波書店、二〇〇四年

第1章

（1）J. S. Bell, "Bertlmann's socks and the nature of reality" in 139 of *Speakable and Unspeakable in Quantum Mechanics*, 2nd edition, Cambridge University Press, 2004

（2）A. Einstein, B. Podolsky and N.Rozen, "Can Quantum-Mechanical Description of Physical Reality be considered complete ?" *Physical Review* Vol. 47 (1935), 777

（3）EPR のスピン版が初めて書かれたのは、

ボーム『量子論 Ⅲ』高林武彦、河辺六男、後藤邦夫、井上健訳、みすず書房、一九五八年、六九八-七一二頁

EPR とベル不等式が書かれている教科書（日本語）としては

フランコ・セレリ『量子力学論争』櫻山義夫訳、共立出版、一九八六年

ペレス『量子論の概念と手法』大場一郎、山中由也、中里弘道訳、丸善、二〇〇一年

アイシャム『量子論：その数学および構造の基礎』佐藤文隆・森川雅博訳、吉岡書店、二〇〇三年

著者の一人N・ローゼンによる解説、P・C・アイヘルブルク、R・U・ゼクスル編『アインシュタイン』江沢洋、亀井理、林憲二訳、岩波現代選書、一九七九年、八六頁、所収

（4）EPR 論文成立の歴史とその後のアインシュタインとシュレーディンガーの往復書簡及びシュレーディンガーの猫論文の頃の歴史については次の本に詳しい。

A. Fine, *The Shaky Game : Einstein realisam and the quantum theory* (2nd Edition), Chicago University Press, 1996（フィン『シエイキー・ゲーム』町田　茂訳、丸善、一九九二年）

アインシュタインによるEPRの最初の発想は一九三一年の「アインシュタインの箱」にあるといわれる。この解説は

T. Norsen, "Einstein's boxes", *American Journal of Physics*, 73 (2005), 164

量子力学創造時の原論文はほとんどがドイツ語であるが、それらの英訳は次の論文集が役に立つ。

B. L. van der Waerden ed., *Source of Quantum Mechanics*, Dover, 1968

A. J. Wheeler and W. H. Zurek ed., *Quantum Theory and Measurements*, Princeton University Press, 1983

シュレーディンガーの猫の原論文の英訳は Wheeler–Zurek の一五二–一六七頁にある。

（5）西尾成子『現代物理学の父　ニールス・ボーア：開かれた研究所から開かれた世界へ』、中公新書、一九九三年

（6）J. S. Bell, "On the Einstein–Podolsky–Rosen Paradox", *Physics* 1 (1964), pp195–200, *Speakable and Unspeakable in Quantum Mechanics*, 2nd edition, Cambridge University Press, 2004, 14–21

現在のかたちのベル不等式は次の論文による。

J. H. Clauser, M. A. Horne, A. Shimony and R. A. Holt, "Proposed experiment to test hidden–variable theories", *Physical Review Letters*, 23 (1969), 880.

（7）長倉三郎・井口洋夫・江沢　洋・岩村　秀・佐藤文隆・久保亮五編、『岩波　理化学辞典』（第五版）岩波書店、一九九八年、一二三九頁

（8）佐藤文隆『宇宙論への招待』岩波新書、一九八八年、第三章

第2章

（1）アブラハム・パイス『神は老獪にして…』西島和彦監訳、産業図書、一九八九年、三頁；またJ・ホイラーはアインシュタインの言として「いったい一匹のネズミが観測したときに、それが宇宙にどれだけの変化を及ぼすというのだろう」を記している。（A・P・フレンチ『アインシュタイン』柿内賢信・石川・笠・星野訳、陪風館、一九八一年、二七頁）

（2）Karl R. Popper, *Quantum Theory and the Schism in Physics*, Routledge, 1992, 2
（3）（1）の　九頁
（4）Jeremy Bernstein, *Quantum Profiles*, Princeton University Press, 1991, 4
（5）Paul Dlugokencky, APS (American Physical Society) News, January, 2005.
（6）佐藤文隆『物理学の世紀』集英社新書、一九九九年
（7）佐藤文隆『孤独になったアインシュタイン』岩波書店、二〇〇四年、九頁、及び、金子　務『アインシュタインショックⅠ』岩波現代文庫、二〇〇五年、第二章
（8）W・ハイゼンベルグ『部分と全体』山崎和夫訳、みすず書房、一九七四年、四一頁
（9）B. L. van der Waerden ed., *Source of Quantum Mechanics*, Dover, 1968, 1
（10）W・ハイゼンベルグ他『物理学に生きて―巨人たちが語る思索の歩み』青木薫訳、ちくま学芸文庫、二〇〇八年、八六頁
（11）同右、七六頁
（12）Ian Duck and E. C. G. Sudarshan ed., 100*Years of Planck's Quantum*, World Scientific, 2000, Heizenberg 1927-paper の脚注
（13）N・ボーア『因果性と相補性』山本義隆編訳、岩波文庫、一九九九年、二二六頁
（14）（10）の八八頁
（15）大澤武男『ユダヤ人　最後の楽園―ワイマール共和国の光と影』講談社現代新書、二〇〇八年
（16）A・P・フレンチ『アインシュタイン』柿内賢信・石川・笠・星野訳、陪風館、一九八一年、五四頁
（17）アインシュタイン『自伝ノート』中村誠太郎、五十嵐正敬訳、一九七八年

第3章

（1）ボーム『量子論　I』高林武彦、河辺六男、後藤邦夫、井上健訳、みすず、一九五六年、六頁
（2）D. Bohm and B. J. Hiley, The *Undivided Universe*, Routledge, 1993

（３）H. Everett, Relative State Formulation of quantum mechanics. *Reviews of Modern Physics*, 29（1957）, 454–62.
（４）B. S. DeWitt and N. Graham, *Many-Worlds Interpretation of Quantum Mechanics*, Princeton University Press, 1957, 155–65
（５）J. Wheeler, *Geons, Black Holes & Quantum Foam*, W. W. Norton & Company, 1998, 268
（６）佐藤文隆「John Archiblad Wheeler　追悼」、『日本物理学会誌』、二〇〇八年七月号、五七四頁
（７）J. A. Wheeler, The past and the delayed-choice double-slit experiment. in *Mathematical Foundation of Quantum Theory*, ed. AR Marlow, NY, 1978
（８）V. Jacques et al., *SCIENCE*, 315（2007）, 966–968
（９）Yoon-Ho Kim et al., *Physical Review Letters*, 84（2000）, 1–5
（10）第一章文献（３）のペレス及びアイシャムの教科書参照。
（11）A. Aspect, et al. "Experimental realization of Einstein-Podolsky-Rosen gedankenexperiment : a new violation of Bell's inequalities", *Physical Review Letters* 49（1982）, 91
その後の実験の研究の歴史については
Amir D. Aczel, Entanglement, A Plume Book, 2002（アミール・D・アクゼル『量子のからみあう宇宙』水谷　淳訳、早川書房、二〇〇四年）
（12）R. Jackiw and A. Shimony, "The Depth and Breadth of John Bell's Physics", *Physics in Perspective*（Birkhauser）, Vol. 4（2002）, No. 1, 78–116. 及び第一章文献（６）の序文である A. Aspect, "John Bell and the second quantum revolution" を参照。
（13）Jeremy Bernstein, *Quantum Profiles*, Princeton University Press, 1991, 5–
（14）W. H. Zurek, "Prefered states, predictability, classicality and the environment-induced decoherence", *Progress of Theoretical Physics*, 89（1993）, 281–312
ズーレク（Zurek）は初め宇宙物理もやっていてホイラーの紹介で知っていた。彼の一九九一年の Physics Today 誌の論文（Physics Today, 44（1991）, 36）は反響が大きくこの雑誌の投稿欄には賛否両論多数寄せられた。筆者はこの様子を知っていたので彼が京都に来た時に、それへの〝返答〟を筆者が編集長をしていた欧文誌「プログレス」に執筆してもらったのがこの論文である。
（15）Roland Omnes, *The Interpretation of Quantum Mechanics*, Princeton University Press, 1994

Roland Omnes, *Quantum Philosophy*, Princeton University Press, 1999
Roland Omnes, *Understanding Quantum Mechanics*, Princeton University Press, 1999
Roland Omnes, *Converging Reality*, Princeton University Press, 2005
（16）Bobert B. Griffiths, *Consistent Quantum Theory*, Cambridge University Press, 2002
（17）ジュリアン　シュウインガー（エングラー編）、『シュウィンガー量子力学』、清水清孝・日向裕幸　訳、シュプリンガー東京、二〇〇三年

第4章

（1）P. A. M. Dirac in 84-86pp, Gerald Holton and Yehuda Elkana ed., *Albert Einstein : historical and cultural perspectives*, Dover, 1992 (original 1980), Paul Dirac
（2）佐藤文隆・松下泰雄『波のしくみ』ブルーバックス、講談社、二〇〇七年
（3）佐藤文隆「運動と力学」「対称性と保存則」『岩波講座物理の世界』、二〇〇三年五月
（4）朝永振一郎『素粒子は粒子であるか』、朝永振一郎著作集八巻、みすず書房、一六〇頁
（朝永振一郎『量子力学と私』江沢　洋編、岩波文庫、一九九七年、二五五頁）
（5）Y. Aharonov and D. Rohrlich, Quantum Paradoxes, Wiley-VCH, 2005, 141
（6）佐藤文隆「時間と量子力学」『パリティー』（丸善）、二〇〇五年二月、三〇-三六頁

第5章

（1）このテーマのサイエンス本は最近急に増えている。
G・ミルバーン『ファイマン・プロセッサ』林　一訳、岩波書店、二〇〇三年
竹内繁樹『量子コンピュータ』ブルーバックス、講談社、二〇〇五年

Charles Seife, *Decoding the Universe*, Viking Penguin, 2006
Louisa Gilder, *The Age of Entanglement*, A. A. Knopf, 2008

（2）参考書も急に増えている。手持ちの初期のもの。
細谷焼夫『量子コンピュータの基礎』サイエンス社、一九九九年
西野哲郎『量子コンピュータの理論』培風館、二〇〇二年
本格的には
M. A. Nielsen, I. L. Chuang, *Quantum Computation and Quantum Information*, Cambridge University Press, 2000

（3）「解釈問題」と「量子情報」の両方を歴史的に概説し、文献が詳しい、最近の本は、
Dipankar Home and Andrew Whitaker, *Einstein's Struggle with Quantum Theory*, Springer, 2007

（4）ドイッチュ『世界の究極理論は存在するか』林　一訳、朝日新聞社、一九九九年
尾関　章『量子論の宿題は解けるか』ブルーバックス、講談社、一九九七年

（5）C. H. Bennett, G. Brassard, C. Crepeau, R. Jozza, A. Peres and W. K. Wooters, "Teleporting an unknown quantum state via dual classical and EPR channels" *Physical Review Letters*, 70 (1993), 1895.

（6）Amir D. Aczel, *Entanglement*, A Plume Book, 2002（アミール・D・アクゼル『量子のからみあう宇宙』水谷　淳訳、早川書房、二〇〇四年）

（7）Seth Lloyd, *Programming the Universe*, Alfred A. Knopf, 2006

（8）Leonard Susskind and James Lindesay, *An Introduction to Black Holes, Information and the String Theory Revolution*, World Scientific, 2005

第6章

（1）第2章文献（6）にこの論文の英訳がある。
和書でのハイゼンベルグ論として、村上陽一郎『ハイゼンベルグ』20世紀思想家文庫14、岩波書店、一九八四年

（2）W・ハイゼンベルグ『部分と全体』山崎和夫訳、みすず書房、一九七四年、九九頁

（3）同右　五〇頁
（4）同右　第V章　一〇三頁以後
（5）木田　元『マッハとニーチェ—世紀転換期思想史』新書館、二〇〇二年
（6）エルンスト・マッハ『マッハ力学』伏見譲訳、講談社、一九六九年
（7）エルンスト・マッハ『感覚の分析』須藤吾之助、広松　渉訳、法政大学出版局、一九七一年、二五六頁
（8）ブローダ『ボルツマン』市井三郎、恒藤敏彦、みすず書房、一九五七年、一一三頁
（9）上山安敏『神話と科学』岩波現代文庫、二〇〇一年、三八五頁
（10）ハイゼンベル『量子論の物理的基礎（一九三〇年）』「訳者のあとがき」に玉木英彦
（11）Ernst Mach, *The Principles of Physical Optics*, Dover Phoenix ed., 2003
（12）マッハは一九〇九年にアインシュタインに一度エールを送るが一九一三年に取り消している。この間の変心の分析は Gerald Holton, *Science and Anti-Science*, Harvard University Press, 1993, Chapter 2（五六頁付近）
（13）E・J・ホブズボーム『帝国の時代　二』野口武彦他訳、みすず、一九九八年
（14）Gerald Holton, *Science and Anti-Science*, Harvard University Press, 1993, 1

第7章

（1）M. Stoltzner "Fanz Serafin Exner's Indeterminist Theory of Culture", *Physics in Perspective* (Birkhauser), Vol. 4 (2002), No. 3, 267–319
（2）J・L・ハイルブロン『マックス・プランクの生涯——ドイツ物理学のジレンマ』村岡晋一訳、法政大学出版局、二〇〇〇年
（3）Deborah R. Coen, *Vienna in the Age of Uncertainty*, Chicago University Press, 2007
（4）Max Planck, *A Survey of Physical Theory*, Dover, 1993, chap. 1
（5）シュレーディンガー『科学とヒューマニズム』伏見康治、三田博雄、友松芳郎訳、みすず、一九五六年、六六頁

第8章

（1）佐藤文隆監修『素粒子の世界を拓く――湯川秀樹と朝永振一郎の人と時代』、京都大学学術出版会、二〇〇六年
（2）湯川秀樹「アメリカ日記」『湯川秀樹著作集』第七巻、岩波書店、一五六―二一一頁
（3）湯川秀樹『極微の世界』岩波書店、一九四二年、一六七頁
（4）『自然』三〇〇号記念（中央公論社）、七八―一〇六頁
一部簡略化されて次に再録『湯川秀樹著作集』第三巻、一八七頁
（5）「量子力学と私」『朝永振一郎著作集』11巻　みすず書房、一九八三年、六頁
（6）朝永振一郎『量子力学と私』江沢　洋編、岩波文庫、一九九七年
「湯川―朝永　対談　二人が学生だった頃」（『湯川秀樹著作集』別巻、岩波書店、一九九〇年、三三一頁）及び本章文献（1）の第七章。
（7）湯川秀樹「極微の世界」岩波書店、一九四二年、一五九頁
（8）MD Greenberg, MA Horne, A. Shimony and A Zeilinger, "Bell's theorem without inequalities" *American Journal of Physics*, 58（1990）, 1131
ND Mermin, Quantum mysteries revisited, *American Journal of Physics*, 58（1990）, 731
（9）湯川秀樹「深山木」、一九七〇年（「湯川秀樹著作集」第七巻、岩波書店、二八一頁）
（10）湯川秀樹「実在論と時間論」（『湯川秀樹著作集』第九巻、一九八九年、二一五頁、『量子力学』一九七八年）

第9章

（1）ラプラス『確率の哲学的試論』内井惣七訳解説、岩波文庫、一九九七年
（2）D・ルエール『偶然とカオス』青木薫訳、岩波書店、一九九三年
（3）佐藤文隆「過去自体と歴史」『量子力学のイデオロギー』青土社、一九九七年、五二頁
（4）大森荘蔵「量子論問題の病因と治療（絶筆）」『大森荘蔵著作集』第九巻、岩波書店、一九九九年、二七七頁、及び野家啓一

による「解説」、四一九頁
（5）佐藤文隆「真空――無いことの曖昧さ」、川合隼雄、中沢新一編『「あいまい」の知』岩波書店、二〇〇三年、六五頁
（6）ブルーノ『無限、宇宙及び諸世界について』清水純一訳、現代思想社、一九六七年（岩波文庫、一九八二年）
（6）Karl R. Popper, *Quantum Theory and the Schism in Physics*, Routledge, 1992
（7）確率や統計力学のイメージも多様である。手元にある参考にした本は
楠岡成雄『確率と確率過程』岩波講座　応用数学（基礎一三）、岩波書店、一九九三年
篠本　滋『情報の統計力学』丸善、一九九二年
伊庭幸人『ベイズ統計と統計物理』岩波講座　物理の世界、二〇〇三年
小西貞則、北川源四郎『情報量基準』朝倉書店、二〇〇四年
（8）佐藤文隆「科学と幸福」岩波現代文庫、二〇〇〇年、第三章

第10章

（1）鷲田清一『悲鳴をあげる身体』PHP新書、一九九九年
（2）Max Planck, *A Survey of Physical Theory*, Dover, 1993, chap. 1
（3）マッハ『感覚の分析』須藤吾之助、広松　渉訳、法政大学出版局、一九七一年、二五六頁
（4）佐藤文隆『科学と幸福』岩波現代文庫、二〇〇〇年、第三章
（5）マッハ『感覚の分析』須藤吾之助、広松　渉訳、法政大学出版局、一九七一年、二八頁
（6）同上　二五四頁
（7）マッハ『認識の分析』広松　渉訳、法政大学出版局、二〇〇一年、四九頁
（8）金谷治訳注『荘子』第四冊「外物篇」、岩波文庫、一九八二年
（10）マッハ『時間と空間』野家啓一編訳、法政大学出版局、一九七七、四頁
（11）Raymond Williams, *Keywords*, Flamingo, 1976, 1981, 238（レイモンド・ウイリアムズ『キーワード辞典』椎名美智、武田、越後、松

井訳、平凡社、二〇〇二年、二四〇頁）

（12）佐藤文隆『科学と幸福』岩波現代文庫、二〇〇〇年、八三頁

（13）A. Fine, *The Shaky Game : Einstein realism and the quantum theory* (2nd Edition), Chicago University Press, 1996（町田茂訳『シェーキーゲーム』、丸善出版、一九九二年）

（14）W・ハイゼンベルグ『部分と全体』山崎和夫訳、みすず書房、一九七四年、vii

（15）佐藤文隆『科学と幸福』、岩波現代文庫、二〇〇〇年、第三章　湯川-ローレン

（16）野依良治（Bennese 教育研究開発センター HP）」

（17）佐藤文隆『孤独になったアインシュタイン』、岩波書店、二〇〇四年、六八頁

（18）三浦梅園・尾形純男・島田慶次編注訳『自然哲学論集』、岩波文庫、一九九八年

（19）相良亨「誠実と日本人」、ぺりかん社、一九八〇年

佐藤文隆『孤独になったアインシュタイン』、岩波書店、二〇〇四年、一五五頁

（20）例えば、小西貞則、北川源四郎『情報量基準』、朝倉書店、二〇〇四年

（21）金谷治訳注『論語』岩波文庫、一九六三年、八四頁

（22）佐藤文隆「ウソを教えない工夫」『大学の物理教育』（日本物理学会）二〇〇一年三月、四頁

（23）佐藤文隆『孤独になったアインシュタイン』、岩波書店、二〇〇四年、第五章　学問と生活世界

あとがき

（1）佐藤文隆「理論物理学者の勃興」『創立50周年記念講演会報告集』（京大基礎物理学研究所発行）、また、『日本物理学会誌』、二〇〇四年四月号、二四〇頁に簡略版。

『異色と意外の科学者列伝』岩波科学ライブラリー、二〇〇七年、六〇頁

（2）A J Wheeler and W H Zurek ed., *Quantum Theory and Measurements*, Princeton University Press, 1983

（3）ペンローズ-佐藤対談

Inter Communication No 25（一九九八年夏）NTT出版、一〇〇頁
http://www.ntticc.or.jp/pub/ic_mag/ic025/html/100.html
（4）ロジャー・ペンローズ『皇帝の新しい心』林 一訳、みすず書房、一九九四年（原著一九八九年）
（5）Rodger Penrose, *The Road to Reality*, Vintage Book, 2004
（6）「相対論と量子論」、数理科学別冊『相対論の歩み』、サイエンス社、二〇〇五年、七五-八〇頁。「時間と量子力学」『パリティー』丸善、二〇〇五年二月、三〇-三六頁。「量子力は何の理論か?」『現代思想』青土社、二〇〇五年一〇月、四二-五八頁。「いま量子力学とは」、数理科学別冊『量子の新世紀 量子論のパラダイムとミステリーの交錯』サイエンス社、二〇〇六年四月、六-一二頁。「量子力学の身分——人類の特殊性を炙り出しているのか?」『現代思想』青土社、二〇〇七年一二月、五四-六七頁

光子によるヤング干渉の誤解を正す

Claude Cohen-Tannoudji, Jacques Dupont-Roc, Gilbert Grynberg, *Photon & Atoms*, Wiley-VCH, 2004（1989）
佐藤文隆・松下泰雄『波のしくみ』ブルーバックス講談社、二〇〇七年

ホイラーの参画者図　J. A. Wheeler の挨拶カードより複写

第十章

マッハ写真　Fraunhofer EMI (Ernst Mach Institute) HP より転載

マッハ内界外界図　エルンスト・マッハ著須藤吾之介・広松渉訳「感覚の分析」16p より複写

ハイゼンベルグ切手　切手を複写

三つの世界図　http://www. hitachi—hitec. com/about/library/sapiens/018/pre2. html「佐藤文隆氏の講演より」から転載

rett.html より転載

第四章

量子―古典図　佐藤文隆・松下泰雄「波のしくみ」（講談社）より複写

電光掲示板図　「朝永振一郎著作集第八巻」160p より複写

ホイラーのU図　J. A. Wheeler の挨拶カードより複写

第五章

テレポテーション図　アミール・D・アクゼル著、水谷淳訳「量子のからみあう世界」、239p より複写

第六章

ハイゼンベルグ写真　CERN Courier より転載

マッハ切手　切手を複写

第七章

エクスナー写真　*Physics in Perspective*, Vol. 4, No. 3, 269p より複写

プランク家族　*Zum 50. Todestag von Max Planck* (1997), 3p より複写

エクスナー集団写真　*Physics in Perspective*, Vol. 4, No. 3, 273p より複写

シュレーディンガー写真　*Physics in Perspective*, Vol. 4, No. 3, 285p より複写

第八章

湯川 1939 年ハワイ写真　野依良治氏提供

湯川―アインシュタイン―ホイラー写真　Remo Ruffini 氏の提供

玉城研究室集団写真　京都大学湯川記念館史料室提供

シュレーディンガー猫の図　「自然」（中央公論社）1948 年 3 月号より複写

湯川観測問題図　「自然」（中央公論社）1948 年 7 月号より複写

【図版出典一覧】

第一章

ベル写真　*Physics Today*,Vol. 56 (2003), No 4, 46p より複写

米国帰化宣誓写真　Emilio Segre Visual Archives (AIP) より借用

第二章

「TIME」表紙写真　「TIME」より複写

APS ニュース漫画　*APS News*, January 2005 より複写

1927 年コモ湖畔写真　CERN photo より転載

ボーア写真　NielsBohr Archives より転写

1927 年ソルベー会議写真　Emilio Segre Visual Archives (AIP) より借用

ボーア・アインシュタイン写真　Emili Segre Archives (AIP) より転載

「*TIME*」表紙写真　「*TIME*」より複写

オッペンハイマー―アインシュタイン写真　Emilio Segre Visual Archives (AIP) より借用

第三章

「*NATURE*」表紙写真　「*NATURE*」より複写

エヴェレとボーア写真　http://space. mit. edu/home/tegmark/everett/everett. html より転載

遅れた選択実験図 2 枚　Jacques et al , *SCIENCE*, Vol. 315 (2007), 966p より複写

遅れた選択実験図 3 枚　Kim et al, *Physical Review Letters*, Vol. 84 (2000), 1p より複写

アスペ写真　アミール・D・アクゼル著、水谷淳訳「量子のからみあう世界」、177 p より複写

アスペ実験図　アミール・D・アクゼル著、水谷淳訳「量子のからみあう世界」、185 p より複写

エヴェレ写真　http://space. mit. edu/home/tegmark/everett/eve-

正すべきものは正した方がよいと筆者は考える。

いる。シュレーディンガー方程式は量子力学の基本法則ではないのである。

相対論の対称性はこの時空がもつ物理的性質である。したがって時空上の存在はこの対称性を備えていなければならない。素粒子の場はすべてこれを備えている。これらはすべて時空的物理存在に関する法則性である。量子力学というより一般的である法則に代入可能なかたちに纏められた時空存在の法則性である。量子力学の側からいえばある特殊な演算子に関する法則性である。その意味では状態ベクトルと演算子に関する量子力学の一般形式に関する法則性とは別種のものと考えるべきである。この点は、因数分解などの量子計算や量子情報での量子力学の使われ方、すなわち「hのない量子力学」(第五章参照)を考える際に想い起すことが必要である。その際に重要になるのは操作の「順番」と「時間」の関係である。一般的には「順番」が重要なのであって、その演算子をハードウエアで実現する物理実体を考える段階ではじめて物理的時間が登場するのである。この意味でもシュレーディンガー方程式を量子力学の「基本法則」のよう扱って最初に持ってくるのは、「論理」、「推論」の法則としての量子力学には、適さない。「論理」、「推論」で重要なのは「順番」である。

ここでは量子力学導入部でのヤング干渉の不正確な理解が時空上の物理存在としての作用素と時空上の存在でない状態ベクトルの混同を引き起こしていることを指摘した。物理や化学で量子力学を駆使して仕事をしている専門家にとってはこの混同は特に支障を引き起こすものではないので放置されているが、じ込めることは出来ないのである。このため簡略版の説明は本当は誤りなのである。

シュレーディィンガー方程式の相対論版という課題は1927年版量子力学誕生後直ちに提起された。いわゆるスピノール場のデイラックの方程式もこの動機に由来する。しかしはこれは、動機はそうであったが、状態ベクトルが従う方程式でない。電磁場のような時空的存在である電子場を支配する場の方程式である。デイラックの方程式はマックスウエル方程式に相当するものであり、シュレーディィンガー方程式の相対論版ではない。

相対論的状態ベクトルをめぐる議論は1930〜40年代には多くあった。まずシュレーディィンガー方程式は解析力学のハミルトン力学に依拠している。ここでは時間は空間と別種の地位を与えられている。ところが相対論では時間・空間は対等の地位になる。この観点からデイラックはラグランジュ力学の量子力学版を作るアイデイアを提出した（1932年）。あるいは、「発散の困難」回避の一法としてホイラー・ファイマンは場を使わずに光子粒子で電子との作用を扱う試みも行った。これがファイマンの経路積分法に発展した。また朝永振一郎の超多時間理論も、粒子ではなく場ではあるが、シュレーディィンガ方程式の相対論化の試みである。これらは対称性をもつ場の理論の課題として現在の素粒子相互作用理論の基礎のゲージ場の量子理論にまで発展した。しかし、場が消えて完全な相対論粒子には還元できていない。その意味では、現在の物質の基礎理論は量子場の量子力学である。非相対論粒子の量子力学はそこからある特殊な状況での近似のもとに導出できるという論理構成になって間と呼ばれる。

光子のシュレーディンガー方程式？

このような場を持ち出さずに光子を粒子として干渉効果を説明する簡略版が普通なされている。しかしこれには厳密に言うと次のような誤りが含まれている。非相対論粒子のシュレーディンガー方程式の自由運動の波動関数は波動方程式の解と同じく，$e^{i(\omega t \pm kx)}$，に比例するかたちをしている。しかし、もとの方程式に代入すれば前者では $\hbar\omega = \frac{(\hbar k)^2}{2m}$ であり、波動方程式では $\omega^2 = c^2 k^2$ である。だから波動の場合の位相差の計算をそのまま波動関数の $\psi(x) = \psi_{上}(x) + \psi_{下}(x)$ に用いる議論は正しくない。この議論が正当化されるのは非相対論質量粒子の波動性による干渉効果の場合である。相対論粒子である光子はシュレーディンガー方程式には従わない。古典的な波動方程式に従う場は量子力学では作用素であって状態ベクトル（波動関数）とは別物である。そのために前記のように場の量子力学で干渉効果を説明すると“おおげさ”なものになったのである。

こうなると、相対論的粒子のシュレーディンガー方程式を使えばよいと思うかもしれない。そういうものがあれば、場を持ち出さずに、議論を粒子描像だけに局限できる。ところが「相対論的シュレーディンガー方程式」より正確には状態ベクトルの時間変化を与えるような微分方程式は存在しないのである。光子は完全に相対論的存在だからそれを粒子量子力学の枠に閉

なわち、一般の量子状態$|\Psi>$は様々な基底ベクトル（固有状態の組）で展開可能なのである。

$$|\Psi> = \sum_n A_n|n> = \sum_\alpha B_\alpha|\alpha> = \sum_x C_x|x> = \cdots$$

そして各基底ベクトルの間に変換則が与えられている。例えば前に与えた、個数表示とコヒーレント表示の間の変換則がそれである。また調和振動子のシュレーディンガー方程式を解いて得られるエネルギー固有状態の固有波動関数というのは

$$|n> = \sum_x H_x^n|x>$$

という$|n>$と$|x>$の間の変換則に登場する変換係数H_x^nがいわゆる固有関数である。ここでもベクトルの成分を表す添え字が連続変数であるから展開を和で書くのは正確ではないが、基底と成分の区別を明瞭にするためこう書いておく。成分H_x^nはエルミート多項式とe^{-x^2}の積で表せるいわゆる固有関数である(規格化を除いて)。

このように狭義の波動関数とは量子状態の空間座標表示による一つの表現法の場合の状態ベクトルの成分である。けっして三次元実空間上の関数ではない。この意味では三次元空間上の演算子である場と混同してはならない。

この状況は速度ベクトルや電場ベクトルのような三次元空間内のベクトル量を任意に座標系を持ち込んでその座標軸の方向の基底ベクトルをとって成分で表現するのと同じでありその発想を拡張したものである。空間ベクトルの成分の数は3であるが、状態ベクトルの成分の数は無限大である。また成分は複素数に拡張されている。このようなベクトル空間がヒルベルト空

$$\Psi = \sum_x \psi(x)|x\rangle$$

のように基底ベクトル（固有状態）$|x\rangle$ と成分 $\psi(x)$ とで展開できる。ここで和の記号は象徴的なもので状態を区別する添え字 x が連続数の場合は規格化を考慮した積分になるが、ここでは離散数のように書いておく。次に観測される演算子が要るが、例えば x に観測される演算子は $P(x)=|x\rangle\langle x|$ である。これは $x=x'$ なら $P(x')|x\rangle=|x\rangle$, $x\neq x'$ なら $P(x')|x\rangle=0$ であることから頷けよう。こうして状態 Ψ の x' への存在確率は

$$\langle\Psi|P(x')|\Psi\rangle=|\psi(x')|^2$$

ヤング実験では $\psi(x)=\psi_{上}(x)+\psi_{下}(x)$ であり、前期の結果が再現されているように錯覚される。

ここで誤解のもとになるのが「量子状態は波動関数で表せる」という言い方である。まず「量子状態は状態ベクトルで表せる」が正確なのであるが、状態ベクトルと波動関数が全く無縁という訳でもないので色々な誤解が放置されている。まず歴史を溯るとシュレーディンガーが導入した波動関数は一粒子運動の量子状態だった。一粒子の状態は三つの位置変数で記述できるのでこの波動関数は三次元の物理空間上で定義されているような誤解を生んだ。電磁場は確かに三次元の物理空間上で定義されている物理量であるが、波動関数はそうではない。はやい話が２体問題では位置変数は６個になるから三次元空間上の関数ではない。また一粒子問題でも先に解いた調和振動子の量子状態の扱いはエネルギー固有状態を解いている。そこでは空間座標の関数である波動関数の表示はしなかった。しかしこの問題の量子状態を q 表示で展開することも出来るのである。す

（ニ）コヒーレント状態の絡み合った状態

コヒーレント光が上下いずれかを通過した状態の重ねあわせとして

$$|\psi> = \frac{1}{\sqrt{2}}[|\alpha>_{上}|0>_{下} + |0>_{上}|\alpha>_{下}]$$

なる状態が考えられる。この場合には干渉項がゼロになる。

物理量と状態

量子力学にある程度通じている人から見ると前述のヤング干渉の説明はあまりにも“おおげさ”に見えるかもしれない。通常は次のように説明する。粒子が上を通過した場合の波動関数 $\psi_{上}$ と下を通過した場合の波動関数 $\psi_{下}$ の重ねあわせとしてスクリーン上の波動関数は $\Psi = \psi_{上} + \psi_{下}$ であり、粒子の存在確率は

$$\Psi^* \Psi = |\psi_{上}|^2 + |\psi_{下}|^2 + \psi_{上}^* \psi_{下} + \psi_{上} \psi_{下}^*$$

となり、右辺の後の2項が干渉効果を与える、と。これで十分なら何も量子場にまで遡る必要はないであろう。

この説明は量子力学の本質を覆い隠す源になっている。まず演算子である物理量と状態ベクトルの区別が顕になっていない。光子を粒子と同じと見なし、上の説明をこの枠組み（物理量と状態）に収めると次のようになる。波動関数は量子状態を表す状態ベクトルを空間座標表示で表現した場合のベクトルの成分である。すなわち

る”、“なし”だから1か0である。したがって期待値は$1\times P(1)+0\times P(0)=P(1)$だから、1である確率P(1)である。$<\psi|W|\psi>$はその確率を与えている。この実験を多数回繰り返して検出された位置ごとの度数分布をとると、それはこの確率分布に比例している。干渉縞というのはこのように光子数の度数分布に見られるものである。もし光の強度を極端に弱くすると光子は一個ずつ時間をおいてスクリーンに達する。検出された時に光っても直ぐ消えるから、短い時間分解能で写真をとれば干渉縞は写らない。長い露出時間の間に多くの光子が到着した時間的に積分した写真に初めて縞模様が写るのである。

（ロ）個数状態の積状態

これは$|\psi>=|n_1>_{上}|n_2>_{下}$のように、上を$n_1$個、下を$n_2$個の光子が通過する状態である。この場合は$<\psi|W|\psi>$には干渉項は完全にゼロであり、$n_1+n_2$に比例する。

（ハ）コヒーレント状態の積状態

この状態は

$$|\psi>=|\alpha_1>_{上}|\alpha_2>_{下}$$

と表せる。この場合は

$$<\psi|W|\psi>\sim\alpha_1{}^*\alpha_1+\alpha_2{}^*\alpha_2+\beta^*\alpha_1{}^*\alpha_2+\beta\alpha_1\alpha_2{}^*$$

$$=[\alpha_1(\exp i\phi_{上})+\alpha_2(\exp i\phi_{下})]^*[\alpha_1(\exp i\phi_{上})+\alpha_2(\exp i\phi_{下})]$$

のように、古典的波の干渉と同じになり、干渉縞が現われる。

であるが、以下の議論では $a\to 0$ の近似の式を書く。

量子状態

今度は光子の量子状態に着目する。四つの場合について先の W の期待値を計算してみる。演算子は同じでも量子状態が違えば実験結果は異なることに注意する必要がある。

（イ）光子１個の絡み合った状態

普通、“絡み合い”は複数粒子の場合であるが、ここでの絡み合いは、次のように上下各位置での光子「有」状態 $|1>$、「無」状態 $|0>$ の二つの状態の絡み合ったものである。

$$|\psi> = \frac{1}{\sqrt{2}}(|1>_{上}|0>_{下} + |0>_{上}|1>_{下})$$

$$<\psi|W|\psi> \sim <\psi|a_{上}{}^{\dagger}a_{上} + a_{下}{}^{\dagger}a_{下}|\psi> +$$
$$<\psi|\beta^{*}a_{上}{}^{\dagger}a_{下} + \beta a_{下}{}^{\dagger}a_{上}|\psi>$$

右辺第二項は個数状態の変化を伴うので注意して計算する必要がある。各々 $a_{下}{}^{\dagger}a_{上}|1>_{上}|0>_{下} + a_{下}{}^{\dagger}a_{上}|0>_{上}|1>_{下} = |0>_{上}|1>_{下}$、$a_{上}{}^{\dagger}a_{下}|1>_{上}|0>_{下} + a_{上}{}^{\dagger}a_{下}|0>_{上}|1>_{下} = |1>_{上}|0>_{下}$ のようになる。最終的には

$$<\psi|W|\psi> \sim 2 + 2\cos\left[\frac{kd}{R}x\right] = 4\cos^2\left[\frac{kd}{2R}x\right]$$

という干渉項縞が存在する。

この状態の実験では光子は一個だからスクリーン上のどこかの x の位置に一個検出される。いまの場合、“物理量”は“あ

B　光子としてのヤング干渉縞

スクリーン上での電磁場作用素

ヤングの干渉実験の話しを戻す。これを量子力学の枠に持ってくるには作用素としての物理量と量子状態の区別を明確にせねばならない。測定されるのはスクリーン上での電磁場であるから、そこでの電磁場作用素を計算する必要がある。波数kの電磁波を考えれば、電磁ポテンシャルAから電場と磁場が$E \sim i\omega A$, $B \sim ikA$と決まるから、Aに着目すればよい。スクリーン上の位置（x, z_0）のAは上下二つのスリットを通過したAの重なり合いで決まるから、

$$A = A_{上} + A_{下} = [\alpha_{上} \exp(ikz_0 - i\omega t)]\, a_{上} + [\alpha_{下} \exp(ikz_0 - i\omega t)]\, a_{下}$$

ここで振幅α_a（a=上、下）は$\alpha_a = |\alpha| \exp i\phi_a$のように位相だけが違っている。共通部分を省略すると$A = [(\exp(i\phi_{上}))]\, a_{上} + [(\exp(i\phi_{下}))]\, a_{下}$である。一方、光子を検出するエネルギーの作用素は$W = E^\dagger E + c^2 B^\dagger B \sim A^\dagger A$に比例する。したがって、

$$W(x, z_0) \sim a_{上}^\dagger a_{上} + a_{下}^\dagger a_{下} + \beta^* a_{上}^\dagger a_{下} + \beta a_{下}^\dagger a_{上}$$

ここで前に求めたように

$$\beta = \exp[i(\phi_{上} - \phi_{下})] = \left[\exp - i\frac{kd}{R}x\right] \frac{\sin(ka/2R)\,x}{x}$$

$$\Delta N^2 = \langle\alpha|(N - \langle N\rangle)^2|\alpha\rangle = |\alpha|^2$$

これから個数の相対的ばらつきは

$$\frac{\Delta N}{\langle N\rangle} = \frac{1}{|\alpha|}$$

となる。同様に位相のゆらぎをもとめると

$$\Delta \sin\phi = \frac{\cos\theta}{2|\alpha|}$$

となる。ここで $\alpha = |\alpha| e^{i\theta}$。

これらの関係から分かることは平均個数が大きい、あるいは振幅の大きさが大きい、と振幅が確定した古典場の状態に近くなるということである。古典電磁波では振幅とは電場・磁場の強さであり、これらは個数の平方根に比例するから、$E\Delta\phi \propto \sqrt{\langle N\rangle}\,\Delta\phi \sim 1$ という関係が導ける。位相が肝心の古典波動の対極にあるのが個数状態であることが分かる。

現在は、個数状態とコヒーレント状態の間を連続的につなぐスクイズド状態というものも考えられている。コヒーレント状態の光が古典電磁波の性質に似てはいるが、古典電磁波がコヒーレント状態という量子状態にあるのかと言えばそうではない。電磁波の性質は発生源のメカニズムで決まる。従来の熱励起の可視光光源では多数の原子から一個ずつバラバラに放出された多数の光子の混合集団が古典的光線である。個数状態の混合集団と見なしてよい。一方、レーザー光源は幾つかの原子群が連動して（コヒーレントに）複数の光子群が放出されたものである。理想的なコヒーレント状態ではないが一歩そこに近づいたものである。

よりは、$|n>_s$ は個数作用素 N_s の固有状態と言い方になる。また $a^\dagger$ は n 個状態 $|n>$ を $n+1$ 個状態 $|n+1>$ に移すものである。この意味で光子という粒子を一個追加する、すなわち一個粒子を創るので“生成作用素”と呼ばれる。また a は一個粒子数を減らすので“消滅作用素”と呼ばれる。作用素は演算子と呼ばれる場合もある。

ここで量子状態の分類の仕方は決してユニークでないことに注意しておく。個数作用素の固有状態 $|n>$ はあくまでも一つの分類の仕方である。例えば a, $a^\dagger$ は古典場で言うと振幅と位相を表すものである。だから a そのものの固有状態を導入することも出来る。すなわち

$$a|\alpha> = \alpha|\alpha>$$

のような、固有値が α となる固有状態 $|\alpha>$ である。このような量子状態はコヒーレント状態と呼ばれる。

するとコヒーレント状態 $|\alpha>$ と個数状態 $|n>$ の関係が次に問題となる。結果からいうと

$$|\alpha> = \exp[-|\alpha|^2/2]\sum_{n=0}^{\infty}\frac{\alpha^n}{\sqrt{n!}}|n>$$

という関係にある。これが答えであることは上式の両辺に a をかけて、$a|n> = \sqrt{n+1}\,|n-1>$ を使うと固有値の式が導かれることで分かる。

a は古典場の振幅に当たるから振幅の大きさと位相を分けて $a = \sqrt{N+1}\exp i\phi$ と書く。ここで N も ϕ も作用素である。まず個数平均値と平均値からのばらつきが次のように計算できる。

$$<N> = <\alpha|N|\alpha> = |\alpha|^2,$$

逆に量子状態を決めただけでは実験値は決まらず、どんな作用素を測るかを決めるとはじめて実験値との関係が付くのである。

いま作用素（a_j, $a_j{}^\dagger$）で議論を進めると、量子状態は各モード j がどれだけのエネルギーに励起されているかが n_j で与えられる。エネルギーは $\omega_j\hbar n_j$ というわけである。一般の振動は多くのモードの励起の程度で特徴付けられるから、すべての j に対して n_j の組（n_1, n_2, …）を指定することが必要である。そのような量子状態を

$$|n_1,\ n_2,\ \cdots>$$

と書くと、エネルギーは

$$H|n_1,\ n_2,\ \cdots>=\sum_j\omega_n\hbar\left(n_j+\frac{1}{2}\right)|n_1,\ n_2,\ \cdots>$$

ここで場から粒子への読み替えをする。すなわち量子状態 $|n_1,\ n_2,\ \cdots>$ とはエネルギー $\omega_1\hbar$ を持つ粒子が n_1 個，エネルギー $\omega_2\hbar$ を持つ粒子が n_2 個，エネルギー $\omega_3\hbar$ を持つ粒子が n_3 個、……という読み替えである。逆に粒子の見方に立てばアインシュタインが言ったように振動数 ν_j の一個の粒子のエネルギーは $\epsilon_j=\omega_j\hbar=h\nu_j$ となる。一つの振動モード s だけが励起されている量子状態は $|0,\ 0,\ 0,\ \cdots,\ n_s,\ 0,\ 0,\ \cdots>$ のように書けるが、それを $|n>_s$ と書く場合もある。ここでは状態の分類を状態ベクトルの添え字につけて、その状態の励起の程度を n で表している。この方式でいうと一般の状態も次のようにも書ける。

$$|n_1,\ n_2,\ \cdots>=|n>_1|n>_2|n>_3\cdots$$

振動数の決まった光子を扱う立場に立てば、エネルギーという

$$H=\sum_j \omega_j\hbar\frac{1}{2}\left[a_ja_j{}^{\dagger}+\ a_j{}^{\dagger}a_j\right]=\sum_j \omega_j\hbar\left[a_j{}^{\dagger}a_j+\frac{1}{2}\right]$$

ここで振り返っておくと電磁場 $\vec{A}$ は作用素であり、その性格はフーリエ変換 $A(z,\ t) \sim \sum_j [g_j(z)\,a_j(t)+\mathrm{CC}]$ によって $a_j,\ a_j{}^{\dagger}$ に引き継がれている。作用素 A と作用素 a_j の間の線形変換の係数として $g_j(z)$ があるという見方になる。最大波長を導入しても、最小波長を仮定しなければ j は無限大まであることになる。すなわち場の力学は無限個の自由度を持ち込むのである。このため各自由度に付きまとう真空エネルギーが無限大になるといった「発散の困難」が発生する。この困難の解決の処方が朝永、ファイマン、シュビンガーによる繰り込み理論であった。

“繰り込み”という考え方は簡単に言うと差額主義である。すなわち真空自体のエネルギーを測る別の“真の”真空などは存在せず、真空からの差額が測定されるだけであるとする。そういう立場からいうと無数の効果が繰り込まれたものが測定される物理量なのである。繰り込み理論では、測定される量は「裸の量ではなく衣を着た量である」などと表現される。

光子——場から粒子への読み替え

以上の準備の下で、いよいよ、量子力学での光子の見方と古典的電磁波の関係の話しに入ることが出来る。量子場は作用素であってそれ自体では実験にかかる量ではない。量子状態を仮定して初めてその作用素がどんな実験値を与えるかが決まる。

これから運動量πが定義され、ハミルトン密度関数が次のように導かれる。

$$\pi=\frac{\partial l}{\partial\dot{A}}=\epsilon_0\dot{A},\quad \tilde{H}=\pi\dot{A}-l=\frac{\epsilon_0}{2}\left[\left(\frac{\pi}{\epsilon_0}\right)^2+c^2\left(\frac{\partial A}{\partial z}\right)^2\right]$$

このように、粒子の力学変数（p, q）に対応する場の力学変数は（π, A）である。

ここで$A(z, t)$の代わりに、次のようなそのフーリエ成分α_kを力学変数にとってみる。

$$A(z, t)=\int[\alpha_k(t)\,\mathrm{exp}ikz+CC]\,dk$$

さらに最大波長Lがあるとすれば（BOX 規格化）、$k_j=2\pi j/L$のように整数jで分類できるようになり

$$A(z, t)\to\sum_{j=1}^{\infty}\left[\alpha_j(t)\,\mathrm{exp}i\frac{2\pi j}{L}z+CC\right]$$

この変数の取り直しでハミルトン関数は次のようになる。

$$H=\int\tilde{H}dz=\frac{1}{2}\sum_j[\pi_j\pi_j{}^*+k_j{}^2\alpha_j\alpha_j{}^*]$$

$$=\sum_j\omega_j\hbar\left[\frac{\pi_j\pi_j{}^*}{2\omega_j\hbar}+\frac{\omega_j}{2c^2\hbar}\alpha\alpha^*\right]$$

最後の式と粒子の調和振動子の場合の式を比較すれば、電磁波の力学はjで分類される無数の調和振動子の集団と同等であることが分かる。したがって量子場に移るには、（p, q）と同様に（π_j, α_j）を作用素と見なすことになる。そして前と同様に作用素（a, $a^\dagger$）を導入して、ハミルトン関数の作用素は次のように書ける。

$$2\frac{\pi_j}{\sqrt{2\omega_j\hbar}}=a_j{}^\dagger+a_j,\quad 2i\sqrt{\frac{\omega_j}{c^2\hbar}}\alpha_j=a_j{}^\dagger-a_j$$

表される。各点の場の値 $A_i(t)$ が独立でなく隣りの点での場の値、$A_{i-1}(t)$ や $A_{i+1}(t)$、にも依存している力学系を考える。各点の質点がお互いにバネでつながっており、$A_i(t)$ は各質点の平衡からのずれであるとする。するとバネのポテンシャルエネルギーは

$$V=\sum_i \frac{1}{2}K(A_i-A_{i+1})^2$$

一方、運動エネルギーは

$$T=\sum_i \frac{1}{2}m\left(\frac{dA_i}{dt}\right)^2$$

ラグランジュ関数は $L=T-V$ と書ける。ここで、$\rho a=m$, $c^2=a^2K/m$ と書き換えて、$a\to 0$ の極限を取る。そこで和を積分に置き換えることができて、

$$L=\frac{1}{2}\int\rho\left[\left(\frac{\partial A}{\partial t}\right)^2-c^2\left(\frac{\partial A}{\partial z}\right)^2\right]dz$$

このようにラグランジュ関数はラグランジュ密度関数 ℓ を空間積分して $L=\int\ell dz$ のようになり、作用積分は $I=\int\ell dzdt$ となる。運動方程式は最小作用原理 $\delta I=0$ から導かれて、

$$\frac{\partial^2 A}{\partial t^2}-c^2\frac{\partial^2 A}{\partial z^2}=0$$

なる波動方程式が導びかれる。

電磁場の場合も作用積分を与えるラグランジュ密度関数 $l\,(I=\int Ldt=\int\ell dxdydzdt)$ は次のように与えられる。

$$l=\frac{\epsilon_0}{2}(\vec{E}^2-c^2\vec{B}^2)=\frac{\epsilon_0}{2}\left[\dot{A}^2-c^2\left(\frac{\partial A}{\partial z}\right)^2\right]$$

ギーとして $\omega\hbar\frac{1}{2}$ を持つのが特徴であるが、各エネルギー固有値の前後との差はすべて $\omega\hbar$ である。したがってこのエネルギーを「$\omega\hbar$ のエネルギーを持つ粒子が n 個あるから $\omega\hbar n$」とも見なせる。こういう観点から $N=a^\dagger a$ は個数作用素と呼ばれる。

電磁場

本章の目的は電磁波を光子と見ることであった。古典的な電磁波は電場と磁場の横波である。古典的な場である電場、磁場はそのもとになる電磁ポテンシャル $\vec{A}$, U から次のように導かれる。

$$\vec{B}=\nabla\times\vec{A},\ \vec{E}=-\frac{\partial\vec{A}}{\partial t}-\nabla U$$

一方、電磁場はマックスウエル方程式

$$\nabla\cdot\vec{E}=\frac{\rho}{\epsilon_0},\ \nabla\cdot\vec{B}=0、\nabla\times\vec{E}=-\frac{\partial\vec{B}}{\partial t},\ \nabla\cdot\vec{B}=\frac{1}{c^2}\frac{\partial\vec{E}}{\partial t}+\frac{\vec{j}}{c^2\epsilon_0}$$

にしたがって、時間的空間的に変化する。電磁波とは真空中（$\rho=0$, $\vec{j}=0$, $\Box\vec{A}=0$）での横波である。進行方向を z－軸方向とすれば次の電磁ポテンシャルで一般的に記述される。

$\vec{A}(0,\ A(z,\ t),\ 0)$, $U=0$, $B_x=-\partial A/\partial z$, $E_y=-\partial A/\partial t$

場 $A(z,\ t)$ の力学というのは、空間座標 z を粒子の種類を表す添え字のように考えて質点の力学に対応させて考えるのが良い。すなわち $A_z(t)$ のように見なして、全エネルギーは添え字についての和をとることだと考える。いま空間の点を有限間隔の点で近似したとすれば $z_i=i\epsilon$ のように空間点は整数 i で

すなわち、

$$H=\frac{1}{2}\omega\hbar(aa^{\dagger}+a^{\dagger}a)=\omega\hbar\left(a^{\dagger}a+\frac{1}{2}\right)$$

$a|0>=0$ を満たす状態 $|0>$ を真空状態と定義する。後で見るように真空状態とはエネルギーが最低の状態の意味である。いま交換関係に左から $a^{\dagger}$ をかけると $a^{\dagger}aa^{\dagger}-a^{\dagger}a^{\dagger}a=a^{\dagger}$。次に右から真空 $|0>$ をかけると、$a^{\dagger}aa^{\dagger}|0>-a^{\dagger}a^{\dagger}a|0>=a^{\dagger}|0>$ であり、$|1>=a^{\dagger}|0>$ と書けば、これは $a^{\dagger}a|1>=|1>$ というかたちに書ける。これは状態 $|1>$ が作用素 $N=a^{\dagger}a$ の固有状態で、その固有値が 1 であることを示している。これをヒントにすると、真空状態に $a^{\dagger}$ を次々かけて、N の固有状態 $|n>$ が作れる。すなわち、

$$a^{\dagger}|n>=\sqrt{n+1}\,|n+1>,\ \ N|n>=n|n>$$

これらの固有状態 $|n>$ は次のように H の固有状態でもある。すなわち、

$$H|n>=\omega\hbar\left(n+\frac{1}{2}\right)|n>$$

こうして調和振動子のエネルギー固有状態は正の整数 n で分類され、エネルギーは $\omega\hbar\left(n+\frac{1}{2}\right)$ のように離散的な値をもつ。

古典論では調和振動子のエネルギーは振幅の大きさで決まり、連続的な値をとれる。エネルギーが離散的になったという事は振幅が離散的な値しかとれなくなったようなものである。古典論の近似がいいのは $n\gg1$ の場合である。

$n=0$ の真空状態でもエネルギーがゼロでなく、真空エネル

から、ハミルトン関数 H は、$\omega^2=\kappa/m$ と書いて、次のように求められる。

$$H=p\dot{q}-L=\frac{1}{2}\left(\frac{p^2}{m}+\kappa q^2\right)=\frac{1}{2}\left(\frac{p^2}{m}+m\omega^2q^2\right)$$

ここで H を次のように因数分解する。

$$H=\frac{\omega\hbar}{2}\left(\frac{p^2}{m\hbar\omega}+\frac{m\omega}{\hbar}q^2\right)$$

$$=\omega\hbar\left(\frac{p}{\sqrt{2m\hbar\omega}}-i\sqrt{\frac{m\omega}{2\hbar}}q\right)\left(\frac{p}{\sqrt{2m\hbar\omega}}+i\sqrt{\frac{m\omega}{2\hbar}}q\right)$$

量子力学では力学変数（p, q）は数値ではなく作用素として扱うことになり、次の交換関係［q, p］$=qp-pq=i\hbar$ が課せられる。いま p, q の代わりに、次のような新変数（a, $a^\dagger$）を導入する。

$$a=\left(\frac{p}{\sqrt{2m\hbar\omega}}-i\sqrt{\frac{m\omega}{2\hbar}}q\right),\quad a^\dagger=\left(\frac{p}{\sqrt{2m\hbar\omega}}+i\sqrt{\frac{m\omega}{2\hbar}}q\right)$$

これらから p, q を解いて、交換関係に挿入すると、今度は a, $a^\dagger$ についての交換関係が次のように得られる。

$$[q,\ p]=\frac{1}{i}\left[(a^\dagger-a)\sqrt{\frac{\hbar}{2m\omega}},\ (a^\dagger+a)\sqrt{\frac{m\hbar\omega}{2}}\right]$$

$$=\frac{\hbar}{2i}[(a^\dagger-a)、(a^\dagger+a)]=i\hbar$$

したがって

$$\frac{1}{2}[(a^\dagger-a),\ (a^\dagger+a)]=-1,\ [a,\ a^\dagger]=1,\ aa^\dagger-a^\dagger a=1$$

H を作用素 a, $a^\dagger$ で書く際に、数値の場合と違って、a, $a^\dagger$ の順番が問題になる。数値の式を作用素の式に書き換えるには別の規則が要る。この問題では次のように対称化することになる。

$$I=\left(\frac{4A}{kx}\right)^2\cos^2\frac{kd}{2R}x\sin^2\frac{ka}{2R}x$$

$$=\left(\frac{4A}{kx}\right)^2\frac{1+\cos\frac{kd}{R}x}{2}\sin^2\frac{ka}{2R}x$$

こうしてスクリーン上には $x=0$ を中心とした幅 $2R\lambda/a$ の広い山の中に、幅 $R\lambda/d$ の強度が強弱の干渉縞が現れる。ヤングがこの縞模様を発見したことで光が波動であることが確認されたのであった。ところが光は光子という粒子の集団と見なせばこの波動による説明は意味のないものになる。しかし実験結果は同じなのであるから光子の立場でこの干渉縞を復活させる必要がある。そのためには量子場と光子の関係を正しく理解しておく必要がある。そこを省略して光子を質量をもつ粒子と同じように考えるといろんな考察で矛盾に逢着する。

調和振動子の量子化

光子は電磁場を量子力学で扱うことで初めて登場する。そこにつながる準備としてまず調和振動子の量子力学を見ておく。調和振動子とはバネの復元力で振動している質点の運動で実現されている。力の働かない状態からのずれを q とする。このずれによる復元力は q に比例するからポテンシャル・エネルギーは $V(q)=\frac{\kappa}{2}q^2$ と書ける。運動エネルギーは $T=\frac{m}{2}\dot{q}^2$ であり、ラグランジアン $L=T-V$ から運動量が $p=\frac{\partial L}{\partial \dot{q}}$ で与えられるリット「下」のは $(-d/2-a/2,0)$ から $(-d/2+a/2,0)$ となる。遮蔽板上の位置座標は $(\xi,\ 0)$、スクリーン上の位置座標は $(x,\ z_0)$ と書く。(いまスリットの長さ（$y-$方向）は十分長いとして、この方向の変化は無視する)
するとこの２点間の距離は、$z_0 \gg a$ として近似すれば、

$$r=\sqrt{{z_0}^2+(x-\xi)^2}=\sqrt{{z_0}^2+x^2-2x\xi+\xi^2}$$

$$=R\sqrt{1-\frac{2x}{R^2}\xi+\frac{\xi^2}{R^2}}\simeq R-\frac{x}{R}\xi,\quad \text{ここで } R=\sqrt{{z_0}^2+x^2}$$

スリット穴の各点を同一振幅、同一位相の波が通過したとしてもスクリーン上の点 $(x,\ z_0)$ に達した時の波には上のように距離の違いによって位相差が生ずる。ホイヘンスの原理によって位相差はスリットの各点から Ae^{-ikr}/R の球面波が生じたとして計算される。ここで $k=2\pi/\lambda$（λ は波長）は波数と呼ばれる。二つのスリットの各点から点 $(x,\ z_0)$ にやってくる古典波動の重ね合わせはスリット内の位置についての積分によって与えられる。

$$\frac{A}{R}\int_{-d/2-a/2}^{-d/2+a/2}e^{-i\alpha\xi}d\xi+\frac{A}{R}\int_{d/2-a/2}^{d/2+a/2}e^{-i\alpha\xi}d\xi$$

$$=\frac{Ae^{i\alpha d/2}}{R}\times\frac{e^{i\alpha a/2}-e^{-i\alpha a/2}}{i\alpha}+\frac{Ae^{-i\alpha d/2}}{R}\times\frac{e^{i\alpha a/2}-e^{-i\alpha a/2}}{i\alpha}$$

$$=\frac{4A}{\alpha R}\cos\frac{\alpha d}{2}\sin\frac{\alpha a}{2}$$

ここで $\alpha=\dfrac{kx}{R}$ であり、またこの積分に関係しない位相と球面波による減衰効果は簡単のために書いてない。

こうしてスクリーン上での強度分布は次のようになる。

るからである。すなわち一つの粒子が別々のスリットを通った状態が重なっているという量子力学の“不思議さ”が正面に出てくるのである。その意味では200年以上前のヤングの実験のなかに既に量子力学の不思議さが姿を見せていたのだということになる。

ところが、量子力学によるこの実験の説明には不正確なものが横行している。原因は二つあって、一つは光子理論は、粒子の量子力学と違って、量子場の理論でのみ可能であること、もう一つは“シュレーディンガーの波動関数”の「波動」に引っ掛けて古典波動の干渉でなんとなく分かったように誤解してしまっていることである。ヤング干渉は本書の主題であるEPR、すなわち量子力学の“絡み合い”（エンタングル）状態によって生ずるのである。以下では古典波動での干渉と光子での量子干渉の差を見ておく。

二重スリットによる位相差

水平方向の右に進む波動がその進行方向に垂直に置かれた遮蔽板を考える。この遮蔽板には細いスリット状の二つの穴（水平方向には十分長い）が開いていて、そこから漏れた光がその背後のスクリーン上に像を結ぶとする。波動の初めの進行方向を$z-$方向、遮蔽板とスクリーンの間の距離をz_0とする。各スリットの幅をa、二つのスリットの間隔を$d(d>a)$とする。鉛直方向を$x-$方向にとって、スリット「上」の位置座標（$x-$座標、$z-$座標）が（$d/2-a/2,0$）から（$d/2+a/2,0$）、ス

光子によるヤング干渉の誤解を正す

A　場と粒子

量子力学の不思議さとしてヤングの干渉実験がよく例に出される。遮蔽板の二つのスリットを通って光が背後のスクリーン上に干渉縞をつくる。この発見自体は、1800年前後、イギリスのトーマス・ヤングによるものである。この実験は当時あった光についての二つの説、粒子説と波動説、のうち波動説に軍配を上げることとなり、その後のマックスウエルによる光の電磁波説（1861年）にみちを開いた。ところが20世紀のはじめ（1905年）、アインシュタインは光電効果の特徴は光の粒子説（光子）で説明できることを示した。こうして光は波動でもあり粒子でもあるという、お互いに矛盾する二重の性格をもつこととなった。

ヤング干渉実験での“量子力学の不思議さ”とは光を粒子とみなすことで生ずるものである。干渉縞が生ずるには一個の光子が二つのスリットを同時に通ったと考えなければならなくな

［た行］

［な行］

索　引

【著者略歴】

佐藤　文隆（さとう　ふみたか）

1938年生まれ。京都大学名誉教授。1960年京都大学理学部卒業、京都大学助手、助教授、教授、京都大学基礎物理学研究所長、京都大学理学部長、日本物理学会会長、日本学術会議会員、甲南大学教授を歴任。“裸の特異点”の存在を示唆するアインシュタイン方程式における「富松—佐藤の解」を発見。この業績によって仁科記念賞を受賞。一般相対論、宇宙物理を専攻。湯川秀樹の全集、ビデオなどを編纂、湯川記念財団元理事長。

著書『物理学の世紀——アインシュタインの墓は報われるか』（集英社）、『孤独になったアインシュタイン』（岩波書店）、『異色と意外の科学者列伝』（岩波書店）、ほか多数。

学術選書

アインシュタインの反乱と量子コンピュータ

学術選書 041

2009年2月15日　初版第一刷発行
2020年7月1日　　　第三刷発行

著　　者…………佐藤　文隆
発 行 人…………末原　達郎
発 行 所…………京都大学学術出版会

京都市左京区吉田近衛町 69
京都大学吉田南構内（〒 606-8315）
電話（075）761-6182
FAX（075）761-6190
振替 01000-8-64677
URL http://www.kyoto-up.or.jp

印刷・製本…………㈱太洋社
装　　幀…………鷺草デザイン事務所

ISBN　978-4-87698-841-9

定価はカバーに表示してあります

Printed in Japan

学術選書［自然科学書］

＊サブシリーズ「心の宇宙」→ 心　「宇宙と物質の神秘に迫る」→ 宇

001 土とは何だろうか？　久馬一剛
003 前頭葉の謎を解く　船橋新太郎　心1
007 見えないもので宇宙を観る　小山勝二ほか 編著　宇1
010 GADV仮説　生命起源を問い直す　池原健二
018 紙とパルプの科学　山内龍男
019 量子の世界　川合・佐々木・前野ほか編著　宇2
022 動物たちのゆたかな心　藤田和生　心4
026 人間性はどこから来たか　サル学からのアプローチ　西田利貞
029 光と色の宇宙　福江 純
030 脳の情報表現を見る　櫻井芳雄　心6
032 究極の森林　梶原幹弘
033 大気と微粒子の話　エアロゾルと地球環境　笠原三紀夫 東野 達 監修
034 脳科学のテーブル　日本神経回路学会監修／外山敬介・甘利俊一・篠本滋編
035 ヒトゲノムマップ　加納 圭
037 新・動物の「食」に学ぶ　西田利貞
039 新編 素粒子の世界を拓く　湯川・朝永から南部・小林・益川へ　佐藤文隆 監修
040 文化の誕生　ヒトが人になる前　杉山幸丸
042 災害社会　川崎一朗
051 オアシス農業起源論　古川久雄
060 天然ゴムの歴史　ヘベア樹の世界一周オデッセイから「交通化社会」へ　こうじや信三
061 わかっているようでわからない数と図形と論理の話　西田吾郎
063 宇宙と素粒子のなりたち　糸山浩司・横山順一・川合 光・南部陽一郎
071 カナディアンロッキー　山岳生態学のすすめ　大園享司
076 埋もれた都の防災学　都市と地盤災害の２０００年　釜井俊孝
077 集成材〈木を超えた木〉開発の建築史　小松幸平
079 マングローブ林　変わりゆく海辺の森の生態系　小見山 章
084 サルはなぜ山を下りる？　野生動物との共生　室山泰之
085 生老死の進化　生物の「寿命」はなぜ生まれたか　高木由臣
088 どんぐりの生物学　ブナ科植物の多様性と適応戦略　原 正利
089 何のための脳？　AI時代の行動選択と神経科学　平野丈夫
090 宅地の防災学　都市と斜面の近現代　釜井俊孝
091 発酵学の革命　マイヤーホッフと酒の旅　木村 光